Web3 新世紀

デジタル経済圏の
新たなフロンティア

Web3 New Century

New Frontiers in the Digital Economy

PwCコンサルティング合同会社
監修／著者 馬渕邦美　著者 絢斗優、藤本真衣

日経BP

プロローグ

text by 馬渕邦美

Web3に関わる動向と日本の現状

Web3は世界で大きな潮流を生み出しています。それは暗号資産による総実現利益やNFTの取引総額を見れば分かります（**図表0-1**）。

図表0-1　Web3に関わる各種指標（2020年から2021年の推移）

項目	動向（参照元）
暗号資産	[総利益] 2021年1627億ドル。2020年325億ドルの約5倍（参照元：Chainaysis、https://blog.chainalysis.com/reports/cryptocurrency-gains-by-country-2021-japanese/）
ブロックチェーンのスタートアップ企業	[資金調達] 2021年250億ドル以上。2020年約30億ドルの8倍以上（参照元：CB Insights 2021 State of Blockchain Report、https://www.cbinsights.com/research/report/blockchain-trends-2021/）
NFT（非代替性トークン）	[取引総額] 2021年442億ドル。2020年の1.06億ドルから400倍以上に増加（参照元：Chainalysis、https://blog.chainalysis.com/reports/2022-crypto-crime-report-preview-nft-wash-trading-money-laundering/） [スタートアップの資金調達額] 2021年48億ドル。2020年3700万ドルの約130倍以上。調達件数は21件から259件に急増（参照元：CB Insights、https://www.cbinsights.com/research/report/blockchain-trends-2021/）
DeFi（分散型金融）	[世界スタートアップの未上場市場での資金調達額] 2021年34億ドル。前年比10倍近く増加。調達件数は240件（参照元：CB Insights、https://www.cbinsights.com/reports/CB-Insights_Venture-Report-2021.pdf）
DAO（分散型自律組織）	[組織数] 2021年約4000組織。2020年の200組織の20倍 [総資産額] 2021年80億ドル。2020年の4億ドルの20倍 [参加者数] 2021年約160万人。2020年1.3万人の120倍以上 （出所原典：DeepDAO、https://deepdao.io/organizations）

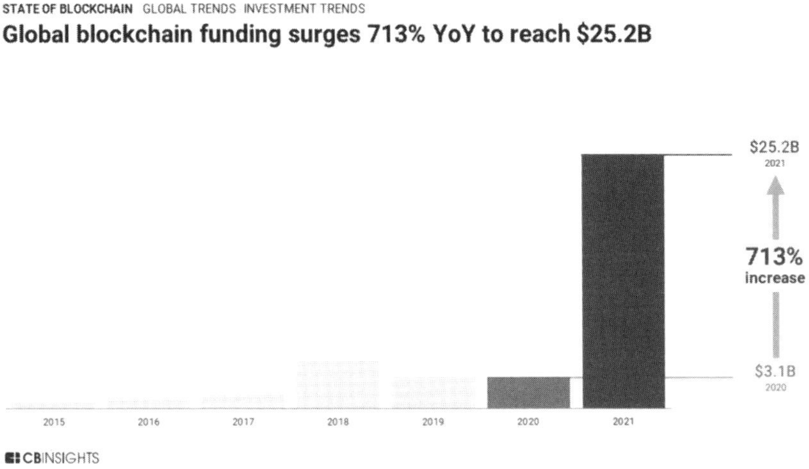

図表0-2　世界のブロックチェーン企業の資金調達額の推移
出所：CB Insights,2022「State Of Blockchain 2021 Report.」
https://www.cbinsights.com/research/report/blockchain-trends-2021/(2022年6月6日閲覧)

まず、「暗号資産」（従来「仮想通貨」と呼んでいたもの。「クリプトアセット」や「クリプト」と呼ぶ）の2021年の総実現利益は、2020年の約5倍の1627億ドルに達しています。Web3の基盤技術といえるブロックチェーンに特化したスタートアップ企業の2021年の資金調達額は、前年から8倍以上の250億ドル以上になりました（**図表0-2**）。すべてがWeb3関連でないとはいえ、非常に大きい額です。

デジタル資産の唯一性とその取引の真正性を証明できる「NFT」（Non-Fungible Token、非代替性トークン）は、日本でも急速に認知が進み、第1章に示すようにデジタルアート、コレクタブル、ゲーム、音楽などの領域で利用が進み、ドメインサービスや不動産、金融などでの利用も開始されています。NFT市場全体（取引総額）の規模は2021年に442億ド

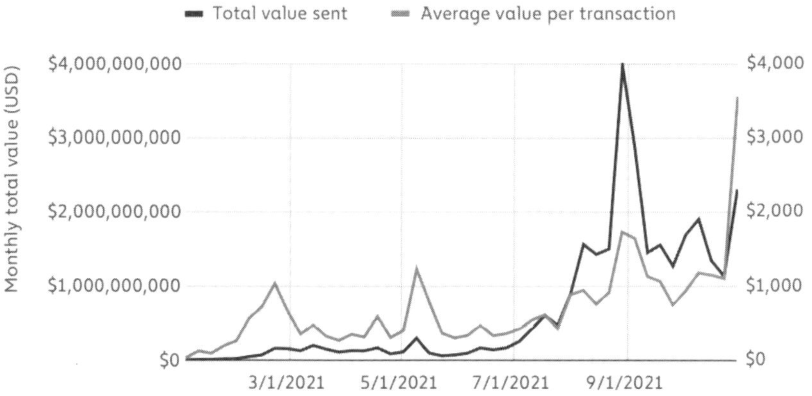

図表0-3　NFTのプラットフォームへの週間の送金総額と平均取引額推移（2021年1月〜10月）
出所：Chainalysis「【レポートプレビュー】2021年NFT市場について」
https://blog.chainalysis.com/reports/nft-market-report-preview-2021-ja/（2022年6月3日閲覧）

ルと、前年比400倍と急速に拡大しています。

NFTの取引が2021年に急増したことは、NFTのプラットフォームへの週間の送金総額と平均取引額推移を見れば明らかです（**図表0-3**）。特に注目されるのは、2021年8月以降、送金総額と平均取引量の両方が大幅に増加しており、これは、NFTが新規ユーザーを引き付け、資産としての価値を高めていることを示しています。また、NFTに関わるスタートアップ企業の資金調達額も2021年は2020年の約130倍と急増していることが報告されています（**図表0-4**）。

2020年に開始された非中央集権的に自動的に稼働する金融システム「DeFi」（Decentralized Finance、分散型金融）においても、ユーザー数は2021年の30倍以上の455万人に増加し、スタートアップ企業の資金調達額も2021年には前年の10倍以上の約34億ドルになりました。

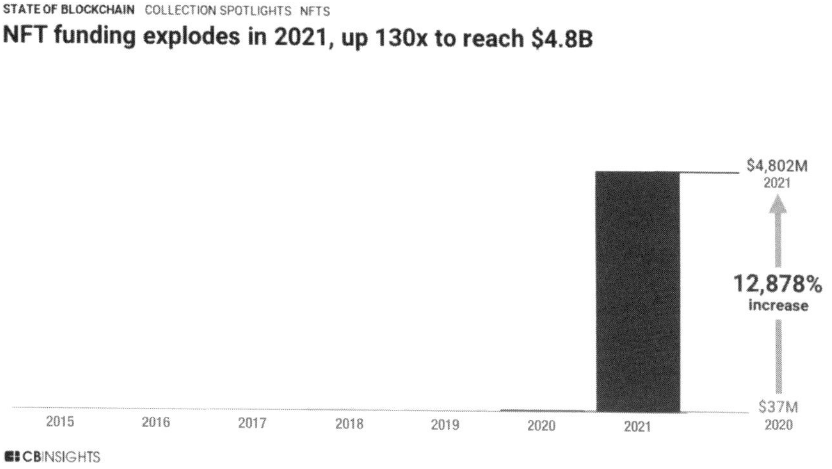

図表0-4　世界のNFT企業の資金調達額の推移
出所：CB Insights,2022「State Of Blockchain 2021 Report.」
https://www.cbinsights.com/research/report/blockchain-trends-2021/

Web3を担う組織や人材の動向を見ても、その急増ぶりは顕著です。「DAO」(Decentralized Autonomous Organization、分散型自律組織)は組織数と総資産額で2021年には前年の20倍になり、参加者数に至っては120倍以上になっています。

Web3に関わる開発人材数、求人数も急増し、数値的な面のみでなく、米国では能力の高い人材が開発に多く携わるようになってきているといわれています。

Web3関連で注目されている「メタバース」(Metaverse)は、インターネット上の仮想現実空間を利用し、ユーザー同士のコミュニケーションや現実さながらのライフスタイルを実現できる世界です。メタバースという言葉は、古代ギリシャ語の「meta(超越)」に、英語の「universe(世界)」という言葉を掛け合わせて生まれました*。実は20年近くも前に登場した「セカンドライフ（Second Life)」で利用され、仮想空間での土地取引やゲーム内での通貨利用も行われていました。しかし、3DCGやVR、5Gなどの技術進化とともに、仮想空間のみの利用でなく、新たなコミュニケーション手段、距離を克服するリモート手段としても注目を集め、多くの企業が産業への応用を狙って参入しています。既に、アバターを使ったオンライン会議、工場での遠隔操作、ロボットでの遠隔手術などにも利用され、Web3でさらなる用途拡大が期待されています。ただ、メタバースという言葉の捉え方は多様で、詳細は後述する各論を読んでいただきたいと思います。

＊一般社団法人Metaverse Japan、「What's メタバース」、https://metaverse-japan.org/organization/whatsmetaverse/ （2022年3月31日閲覧）

Web3の定義

ここまでWeb3に関連する動きを見てきましたが、そもそも「Web3」とは何でしょうか。実はその定義は現在必ずしも明確ではなく、推進派と懐疑派が激しく議論しています。懐疑派が挙げるポイントは、

- Web3の具体的なユースケースがまだ少なく将来像が見通しにくい
- （Web3の特徴である）自律分散が常に（Web2.0の特徴である）中央集権より良いとは限らないのではないか
- Web3も結局は中央集権的になるのではないか

といった点にあります。ただ、Web2.0でも急激な成長が始まる前の2000年代半ばに、その定義や将来像が明確だったわけではありません。

図表0-5　Web1.0、Web2.0、Web3の一般的定義

項目	Web1.0	Web2.0	Web3
インフラ、デバイス	PC	モバイル、スマホ	モバイル、スマホをベースに、VR・XR、ウエアラブルデバイスなどを活用（未確定）
データ保存、解析技術	サーバー	クラウド	ブロックチェーン
代表的ユースケース機能	• Webサイト検索 • 電子メール	• SNS（プラットフォーム経由）	• NFT • DeFi • P2Pの直接の交流
中心となる組織、意思決定	IT企業など（個別対応）	プラットフォーム企業（中央集権的）	DAO/スマートコントラクト
エコシステム	従来型経済	従来型経済（キャッシュレスなどは進展）	トークン利用、参加者へのインセンティブ

筆者らは、Web1.0、Web2.0、Web3.0/Web3を次のように捉えています（**図表0-5**）。

- Web1.0：主にパソコンを利用し、Webサイトや電子メールを実現
- Web2.0：モバイルやスマホを用いSNSなどを実現。大手プラットフォーマーがデータを囲い込み、中央集権化が進む。対象企業と市場は急成長
- Web3.0：ブロックチェーン/スマートコントラクトの技術を基盤とする分散化されたネットワーク上で、特定プラットフォームに依存せず自律したユーザーが直接つながるムーブメント
- Web3：Web3.0のマーケティング的な視点。仮想通貨、暗号資産、ブロックチェーンのリブランディングであるという見方もある

以降、本書全体を通してWeb3.0とWeb3を区別せず「Web3」という表記で統一します。なお、本書ではWeb3分野の第一人者にインタビューし、その要点をまとめていますが、動きの激しい分野であるため、イン

タビュー対象者によって「Web3」の捉え方は異なっています。その点はご留意ください。

Web3の特徴として、ブロックチェーンの活用、DAO/スマートコントラクトでの意思決定、トークン利用のエコシステムは確立しています。一方で、利用するインフラやデバイスは、Web2.0の延長上でモバイルやスマホを利用しつつ、VRやXR、ウエアラブル関連のデバイスなどを活用することが考えられますが、まだ確立しているわけではありません。これらの技術進化は早く、適宜最良のインフラやデバイスを採り入れることが考えられるためです。また、Web3の特徴ではありませんが、AIを活用することはデータ解析、用途拡大などで広く行われると考えられます。

Web2.0はテックジャイアントが主導し、それらの企業の時価総額は、日本の全上場株式会社の時価総額以上になりました。Web2.0において、国内向けで成長した日本企業はありますが、グローバルでは特に米国に対して負けを認めざるを得ません。そして、Web2.0の成功が2007年ごろからわずか15年で達成されたことは注目すべきでしょう。

改めて、Web3の動向を基盤技術となるブロックチェーンとの関係で示すと、**図表0-6**のようになります。

ブロックチェーンを用いたビットコインは2008年に発明、2009年に利用開始され、暗号資産としての地位を日本でも得ています。ただし、ブロックチェーン技術をWeb3の多様な用途に展開し、急速な拡大の契機となったのは、2013年に登場したイーサリアムです。イーサリアム上のアプリケーションとして、暗号資産を使う資金調達手法「ICO」(Initial Coin

図表0-6　ブロックチェーンとの関係で見たWeb3に関する大まかな動向

年次	ブロックチェーン	応用、動向
2008年	ビットコイン	• インターネット上での初めてのネイティブ通貨（2009年使用開始）
2013年	イーサリアム	• あらゆる目的のために使えるブロックチェーンのプラットフォームの登場
2013年～ （本格的には2017年～）	イーサリアム上での多様なアプリケーション出現	• ICO（資金調達、2013年～、2017年急増） • DeFi（分散型金融、2017年分散型取引所DEXが登場、2020年以降利用者数急増） • NFT（非代替性トークン、2021年急増） • DAO（分散型自律組織、2021年急増）
2020年以降	ソラナ（Solana）など（レイヤー1）	• イーサリアムの競合が出現して成長 • 異なるブロックチェーン同士を接続させて情報をやりとりできるインターオペラビリティー（相互運用性）の進展 • 日本発のブロックチェーン（Astar Network）が登場 • 処理速度向上、取引手数料（ガス代）の低減

Offering）が登場し、2017年ごろには急速に利用されるようになりました。さらに前述したように、NFT、DeFi、DAOの急速な成長は、2020年以降のことです。その意味では、Web3は市場の萌芽期から急速な成長期に差し掛かっているといえるでしょう。

イーサリアムの利用は今後も拡大すると考えられる一方、処理速度や取引量といった課題も明らかになってきています。取引量が増加すると手数料に相当する「ガス代」も高くなることもあり、イーサリアムの外側でデータ処理を行うレイヤー2*の開発、利用も進められてきました。そこで、イーサリアムの代替、さらに用途拡大を狙う新たなブロックチェーンも登場してきました。その代表はソラナ（Solana）で、2020年4月にローンチされ、アクティブアドレス数はイーサリアムを超える水準まで増加してきました。その他、新たなブロックチェーンとして、本書でインタビューを実施した日本発のAstar Networkにも注目が集まっています。

＊ブロックチェーン上（レイヤー1）に記載されないオフチェーンのこと。例えば、ビットコインなどは取引量が多くなると送金が滞るスケーラビリティー（拡張性）、手数料の高さが課題であり、レイヤー2はその点を改善する

多くのブロックチェーンが登場すると、異なるブロックチェーン同士を接続して情報をやりとりできるインターオペラビリティー（相互運用性）が求められるようになってきました。メインチェーンと連動するレイヤー2（セカンドレイヤー）やサイドチェーンが必要になり、それらは増加しています。

ブロックチェーンにはこれだけの変化がありますが、Web3に関連する動きは主に2017年以降で、急激な変化があったのは2020年以降になります。このような状況での、日本の位置付けを確認しておきましょう。

日本の暗号資産の利益実現額は、米国（United States）、英国（United Kingdom）、ドイツ（Germany）に次いで4位です。米国が全体の3割近いシェアを有し、2位以下を大きく離しています。GDP比で見た場合、トルコ、ベトナム、ウクライナが上位に来ます。これらの国では暗号資産の利用が進んでいると言えます*。

＊Chainalysis, 2022, "2021 Cryptocurrency Gains by Country." https://hedge.guide/news/chainalysis-report-bc202204.html.（2022年4月25日閲覧）

Chainalysis社によれば、日本の暗号資産の採用率は世界で82位と低迷しています。暗号資産の採用があまり進んでいないとされる東アジアの中でも見劣りします。DeFiに限定すれば72位とややランクが上がりますが、それでも下位にとどまります（**図表0-7**）。

暗号資産の利用に関する日本の特徴は、ビットコイン（BTC）の利用率

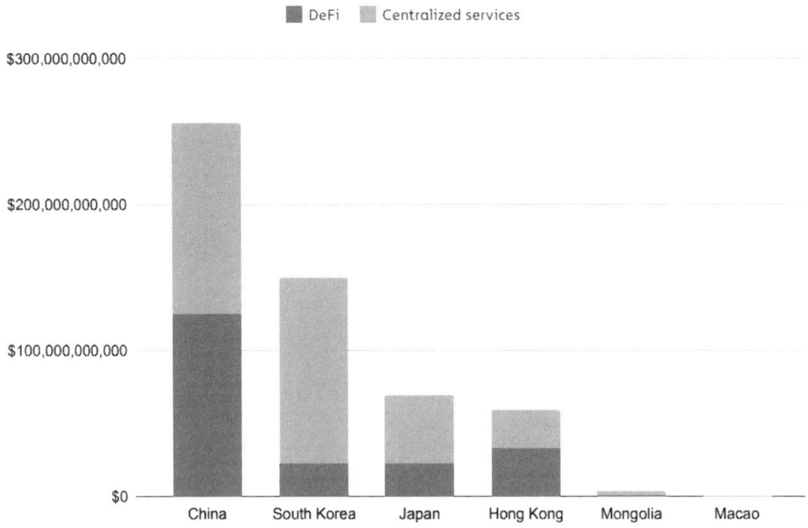

図表0-7　東アジア地域での暗号資産の国別受取額（2020年6月〜2021年6月）
出所：Chainalysis, 2021.「The 2021 Geography of Cryptocurrency Report」
https://go.chainalysis.com/2021-geography-of-crypto.html(2022年6月1日閲覧)

が高くイーサリアム（ETH）関連の比率が低いことです（**図表0-8**）。これは、イーサリアム上に構築されるDeFiなどの普及が遅れていることを示しており、その背景には、税制や規制があるとされています。言い方を変えれば、日本のWeb3に関わる状況は初期段階であり、暗号資産の保有は進む一方、DeFiなどを用いた暗号資産の自律的管理、取引、運用などの展開は全般的に遅れていると考えられます。

Web3関連の有識者や起業家は我々のインタビューに対し、急拡大するデジタル経済圏への期待と、日本の現状への危機感を、異口同音に次のように指摘しています。

「Web3時代の到来は日本にとって大きなチャンス。しかし今のままでは必ず乗り遅れる」

暗号資産に対する現行の規制や税制が足かせとなり、日本のWeb3関連ビジネスは世界から取り残され始めているのです。インタビューを重ねる中で、トークン発行規制を含む金融規制や会計制度、重い税負担が、投資や企業経営の機動性、イノベーションにマイナスの影響を与え、有望な起業家やエンジニアの海外移住を招いているとの指摘を多く耳にしました。Web3が萌芽期から成長期にある今、手を打たないと世界の潮流

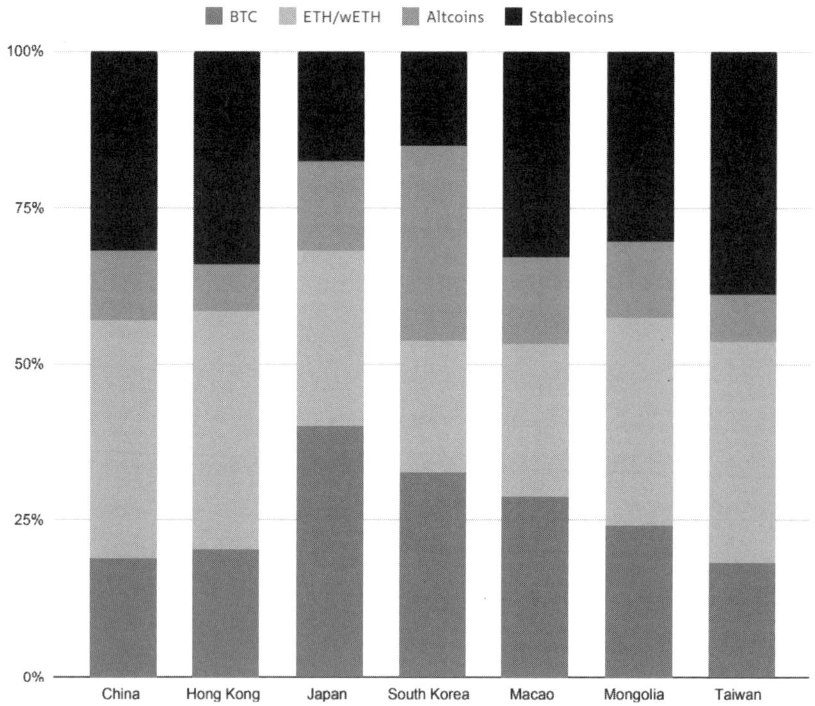

図表0-8　東アジア地域での暗号資産の種類別利用比率（2020年6月～2021年6月）
出所：Chainalysis, 2021「The 2021 Geography of Cryptocurrency Report」
https://go.chainalysis.com/2021-geography-of-crypto.html（2022年6月1日閲覧）

に乗り遅れてしまうでしょう。

諸外国はWeb3の覇権を握るべく、急ピッチで投資環境や事業環境の整備を始めています。Web2.0で覇権を握った米国は、2022年3月9日に大統領令を発令し、Web3時代においてもデジタル経済圏のイノベーションをリードし続ける決意と覚悟を示し、国家戦略の取りまとめを命じています*。Web3の競争相手は、米国のみでなく、シンガポールやスイス、UAE、さらにベトナム、フィリピンなどの東南アジアを含め多様です。

＊THE WHITE HOUSE,2022," FACT SHEET: President Biden to Sign Executive Order on Ensuring Responsible Development of Digital Assets. https://www.whitehouse.gov/briefing-room/statements-releases/2022/03/09/fact-sheet-president-biden-to-sign-executive-order-on-ensuring-responsible-innovation-in-digital-assets/ . (2022年5月29日閲覧)

日本に勝ち目や勝ち筋がないわけではありません。日本には、アニメやゲームといった国際的競争力を有する豊富かつ上質なIP（Intellectual Property、知的財産）があり、NFTビジネス、ひいてはWeb3において世界をリードする大きなポテンシャルを秘めています。本書ではWeb3で企業価値10億ドル以上あるAnimoca Brands社のキーパーソンにインタビューを実施したところ、日本の文化やゲーム、IPを高く評価していました。

一方で、有望な日本企業の海外移転や、有望人材の海外流出がすごいスピードで起こっています。その多くの理由は、法規制や税率の高さだといわれています。日本はせっかくWeb3で勝ち筋があるにもかかわらず、それを生かせず波に乗り遅れ、米国はおろかアジア諸国にも敗北する可能性がある状況なのです。これらの動向や課題は、本書で詳しく述べています。

Web3を特徴づける分散型自律組織DAO

Web3の大きな特徴にDAOが挙げられます。同一のミッションに賛同する多様なステークホルダーが参加可能な新しい組織形態で、「スマートコントラクト」を利用しています。スマートコントラクトはブロックチェーンで規定されるコンピュータープロトコルで、自動的・自律的な運営が可能になり、理想的には中央集権型組織や株式会社という形態、管理者さえ不要になると考えられています。DAOの意思決定にはトークン（「ガバナンストークン」とも言う）が利用され、DAOが成長すればそのトークンの価値が上がります。トークンは暗号資産でもあるので、暗号資産を用いた独自のエコシステムが形成されることになり、その代表がビットコインやイーサリアムとされています。詳しくは第１章で説明しますが、既存の株式会社などとは異なる新たな仕組みといえます（図表0-9）。

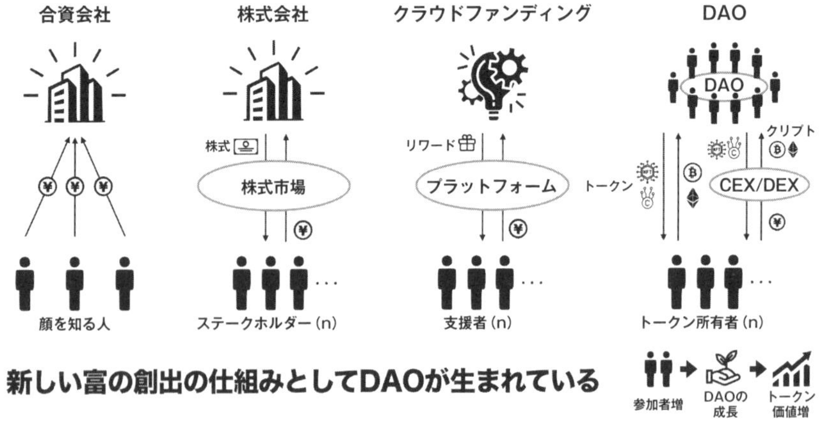

図表0-9　共同して大きなことを実践する仕組みの変遷

出所：安宅和人「"残すに値する未来"を考える」（2022年4月1日 環境省 中央環境審議会資料）
http://www.env.go.jp/council/06earth/資料2-2%20安宅様提出資料.pdf（2022年4月25日閲覧）

DAOによって組織の意思決定やプロセスが透明化され、組織のガバナンスが変わる可能性があります。これまでの中央集権的な株主中心の資本主義とは異なり、著作者や個人のつながり、コミュニティーに焦点を当てた新しい成長と分配の在り方を具体化する基盤となり、日本の社会課題解決や地方活性化にもつながる可能性があります。

ただし、DAOには課題もあります。例えば、既存企業との取引、経済面以外を含むインセンティブ確保、トークンの配分などです。本書のインタビューではこうした課題に対する方向性を伺ったところ、(DAOと連携する）財団や株式会社とDAOの役割分担、財団や株式会社から徐々にDAOに移行するなど、いくつかの注目すべき示唆が得られました。

課題はあるが、
Web3の世界に一歩踏み出すべき

Web3はある意味ツールであり、プラットフォームですので、使い方によってはさらなる課題を生み出します。実際、一部領域では特定の組織がガリバー化しつつあり、また、国や大企業がWeb3的な手法で独自通貨の発行や中央集権的な事業を行う動向もあります。さらに、暗号資産は急速に成長しているものの、実体経済につながっていない面があるという指摘もあります。その他、有識者が指摘するのは、GameとFinanceを組み合わせた「GameFi」（ゲームファイ）での児童労働の懸念、NFTの賭博性、メタバースのメンタルへの影響への懸念などです。

本書に登場するWeb3の第一人者によるインタビューから言えることは、課題を明確にすることによって知恵を出し、対応策を検討し、一つ

ひとつ解決していくマインドがあるということです。

現時点でWeb3に課題があるのは確かですが、Web3は極めて有望であり、国家、社会インフラ、産業、生活に大きなインパクトを与えていくと考えられます。Web3のポテンシャルを有する日本は、その波をうまく捉え、社会や生活、産業に役立てていくことが必要だと思います。

Web3は巨大なデジタル経済圏を生み出すでしょう。そのフロンティアで日本が存在感を示し、さらに世界を牽引するには、新しい資本主義の成長戦略の柱としてWeb3を据える必要があると考えられます。その上で、IPの保有者やその利用者、消費者の権利保護、社会的、国際的な状況にも配慮しつつ、イノベーションを推進していく必要があります。そのためには、人材育成や人材活用とともに、社会基盤や法規制を中心としたルールの整備、日本発の標準化や規格化も望まれます。もちろん、Web3には独自のエコシステムがあり、その特性を踏まえた地域のコミュニティー形成、国際間連携は必要です。

本書は、Web3のトップランナーたちのインタビューで構成しています。読者の皆さんの力をWeb3の拡大に生かしていただきたく、特に日本向けの示唆を引き出していますので、ぜひご活用ください。インタビューにおいて、Web3やDAOなどの定義や見解が異なることはありますが、それはWeb3の多様性や可能性を示すものとして、基本的にインタビューの言葉をそのまま掲載した上で、筆者の見解を付加しました。

本書が、皆さんのWeb3への理解の助けとなり、Web3の世界に一歩踏み出すきっかけとなれば幸いです。

目次

第
1
章

概論：Web3は、社会を再定義する

text by 絢斗優

Web3のブームが日本で始まったのは2021年後半です。その直前にNFTが話題になっていたこともあり、Web3とNFTを混同している人も多いように思います。一方で、Web3自体は現在進行形でアップデートされ続けており、時代とともに変化していくものです。だからこそ、この本ではWeb3を事典的に解説するのではなく、Web3の最前線で活動している世界のトッププレイヤーたちとの対談を通して、Web3の「今」を読者に感じてもらうことを目的としています。

Web3の基盤技術の状況

Web3にとって本書が発行される2022年は、Web2.0時代の2007年ごろ、つまり米国ではスマートフォンが登場しているものの、日本ではまだ発売されていない状況だと思います。一部の先見の明のある起業家はスマートフォンが出た瞬間に新しいビジネスアイデアを見いだして起業し、大成功をしましたが、ほとんどの日本人は「これからもガラケーが続く」と思っていたはずです。

2017年4月、日本では世界に先駆けて暗号資産に関する法律（改正資金決済法）が施行されました。ある意味日本は先行していたのですが、それから5年たった今、ブロックチェーンのユースケースは当時誰も想像できなかったくらいに多様化し、それによって世界に逆転され、日本企業が参入しづらい状況が続いています。グローバルではWeb3の起業・投資ラッシュが続いていますが、日本では主に税制の問題が大きく、Web3の主要な部分で日本企業や日本のVC（ベンチャーキャピタル）が直接投資するのは困難であり、海外法人経由での投資を余儀なくされているのです。これは非常に残念なことです。

特にブロックチェーンのレイヤー1の開発競争では、日本企業の存在感は皆無（第2章に登場するStake Technologies社は日本人が起業していますが拠点はシンガポール）です。これをWeb2.0時代の出来事で表現すると、スマホOSの開発競争に完敗した状況とよく似ています。

Web3の主なレイヤー1には、イーサリアム、フロー（Flow）、ソラナ（Solana）があります。いずれもスマートコントラクトを扱えるブロックチェーンで、特にイーサリアムには巨大な開発コミュニティーがあり、ポルカドット（Polkadot）やソラナにもEVM（イーサリアム仮想マシン）互換プロジェクトがあります。アバランチ（Avalanche）、ポリゴン（Polygon）などのイーサリアムと互換性のあるEVM互換経済圏を一つの巨大なイーサリアムエコシステムと考えると、その時価総額は2400億ドルを超えており（2022年5月31日確認）、その規模は名実共に世界一です。なお、北米を中心に急速に拡大・普及しているフローとソラナは一定の成功を収めていますので、今後もイーサリアムとのすみ分けに成功すれば存在感を保つと思います。

今からレイヤー1に新しく参入できる余地はほとんどありません。スマホのOSが少数に整理されたように、Web3のインフラであるブロックチェーンもあまり多くの種類にはならず、今後はレイヤー2と呼ばれる、イーサリアムメインネット（レイヤー1）の堅牢なセキュリティーを活用しながら、イーサリアムメインネットとは別の場所で取引処理することで、処理能力問題やガス代の問題を解消するソリューション技術の開発競争になっていくことが予想されます。

第2章で登場する渡辺創太氏率いるStake Technologies社は、レイヤー1の開発競争に参加している唯一の日本発ブロックチェーンプロジェクトです。詳しくはそちらに書いていますが、インフラレベルで世界と戦っている唯一の日本勢が税制の都合で日本法人を解散してシンガポール法人にならざるを得なかったのは非常に残念です。

なお、このブロックチェーン開発競争への参入度の差をもって日本は世界から遅れていると指摘されることが多いのですが、ブロックチェーン自体がそもそも国単位の競争ではなく、全世界に点在するコミュニティーが開発しており、本来、国の優劣をつけるのはあまり意味がありません。そこをあえて国単位の競争と考えると、「米国 vs 米国以外の全世界」というのが正しい構図で、日本だけがとりわけ出遅れているわけではないと思います。現に、米国以外の地域を拠点にしている有力なレイヤー1プロジェクトはほとんどなく、イーサリアムのサイドチェーンとしてPolygon（インド）やRonin（ベトナム）がなんとか食い込んでいるくらいです。

ただ、米国集中といっても、本社はケイマン諸島、ヴァージン諸島、シンガポール、ドバイ、スイスなどのタックスヘイブンになっているケースをよく見ます。プロジェクトのコアメンバーやVCが米国に多く居住し、マーケティングの中心地が米国になっているので米国勢のプロジェクトに見えているだけということも多いのです。Web3の世界の最前線は、本社はタックスヘイブン、開発チームは全世界、マーケティングの中心地は米国というのが王道なので、タックスヘイブンでない米国以外の国が取れる戦略は非常に限られています。これはWeb2.0の勝者であるテクノロジージャイアント企業が米国に集中したのと同じ構造がそのままWeb3で再現されているとも言えます。

だからといって、日本企業が今後Web3でビジネスを行うのが困難かというと、決してそうではありません。Web2.0の時代、日本はOS競争でシリコンバレーに完敗し、スマホなどの製造ではアジア勢にかなり苦戦したものの、Web2.0を活用した多くのビジネスが生まれ、国全体としてはWeb2.0の恩恵を大いに受けたとも言えます。コンテンツビジネスではWeb2.0の進化の波に乗って成功したIPが多数あったのです。これと同じことがWeb3でも言えます。

第8章で登場するMinto社は、拠点を日本に置いた会社組織でありながらWeb3ネイティブのIPを新規に創り出しており、日本企業勢ならではのWeb3領域での戦い方として参考になります。第3章で登場するYat Siu氏と、第4章のGabby Dizon氏は、日本のIPやゲーム産業とWeb3の親和性の高さを指摘しており、日本のコンテンツ力が世界から期待されていることが伺えます。

Web3は新しい概念であるため多くの情報が交錯していますが、基本的には世界の最前線がどこに向かっているかを見れば自然とその行く末を予想できます。だからこそ、本書では世界のトッププレイヤーに現時点の取り組みを伺うだけでなく、「10年後はどうしていると思うか」という曖昧な質問をあえて投げかけました。皆、一様に「この業界で10年先なんて遠過ぎて検討もつかない」と最初は言うものの、それぞれが自分の経験から先を見据えており、それらのインタビューを通してWeb3の進む方向をつかむことができたと思います。

以下では、Web3で特に重要なキーワードを３つ選んで解説します。これらを理解しておくだけで、Web3の解像度は飛躍的に高まります。

(1) DeFi　金融革命

(2) DAO　組織形態革命

(3) NFT　所有革命

重要キーワード（1）DeFi　金融革命

DeFiとは、スマートコントラクトを活用して非中央集権的に自動的に稼働する金融システムのことです。従来の銀行や証券会社、保険会社などが行っていた業務を全部無人化してプログラムが自動的に行っている光景を想像してください。それがDeFiのイメージです。

昨今のNFTブームと比べると地味に聞こえるかもしれませんが、今日のWeb3の発達を支えている重要なインフラの一つです。DeFiの多くのコードはオープンソースです。運営は、最初は開発会社が中央集権的に行う場合が多いですが、開発会社が解散してDAO化すると、事実上世界の誰にも止められない半永久的に動く自動金融装置となります。

DeFiは机上の空論ではなく既に稼働しています。具体的には、①スマートコントラクトで米ドルの価値と連動（ペッグ）し、常に1DAI≒1ドルを維持するように設計されている暗号資産DAIを誰でも生成することのできる「MakerDAO」、②トークンの両替を行う「Uniswap」、③貸し手と借り手のマッチングで金利収入を得られる「Compound」などです。

第9章では野口悠紀雄氏のインタビューを通して、DeFiの運営が分散化すればするほど事実上世界の誰にも止められないことによる功罪や、これからスマートコントラクトを活用したプロジェクトが増え続けることで社会がどう変わっていくのかなどを解説します。

DeFiというインフラがあるからこそ、後に説明するDAOによるインセンティブやGameFiによる金融包摂が実現するのです。

重要キーワード（2）DAO　組織形態革命

日本語で「分散型自律組織」と訳されることが多いDAOは、もともとはイーサリアムコミュニティーで提示されたものですが、その際の定義とは大きく離れた使われ方も多くなりました。本稿では、運用されている実態に合わせて、「①プロダクト指向型DAO」と「②目的指向型DAO」の2つに分けて解説します。また、DAOとセットで語られる「コミュニティー」は、大きく「開発者コミュニティー」「投資家コミュニティー」「ユーザーコミュニティー」の3つに分類されます。

①プロダクト指向型DAO

①プロダクト指向型DAOは、どこかの企業が中心となって開発するのではなく、有志が集まって開発して普及させ、そのリターンとしてトークンの値上がり益を享受するタイプです。プロダクト指向型DAOにとって大事なのは、中央にプログラムの集合体であるプロダクトという仕組みがあり、その周囲に人間がいることです。Web2.0の株式会社では、最初に組織があって、その下にプロダクトがありました。中心に「仕組み」があることは、Web3とWeb2.0の最大の違いの一つです。

①プロダクト指向型DAOの究極例は、ビットコインコミュニティーです。ビットコインというプロダクトに共感した開発者たちが絶えずアップデートし続け、ビットコインの未来を信じた投資家たちがマイニングや関連ビジネスを実施し、ビットコインを使いたいと思うユーザーが世界中で使っています。最初は少数の個人の集まりでしたが、徐々に企業が加わり、ついには国単位のビットコインユーザーも現れました。

イーサリアムもまた、巨大なプロダクト指向型DAOと言えます。イーサリアムの共同創業者の一人として世界的に有名なVitalik Buterin氏は、しばしばイーサリアムの顔として認知されていますが、彼自身が保有しているイーサリアム（通貨）は全イーサリアム（通貨）の1%以下です。イーサリアムという一つのプロダクトの目指す未来に共感した開発者・投資家・ユーザーが一体となって自発的に開発を続けて今に至っているのです。SEC（米国証券取引委員会）がビットコインとイーサリアムを「証券でない」と認定したその大きな理由は、十分に分散されているからです。

ブロックチェーン以前の巨大OSS（オープンソースソフトウエア）プロジェクトと、ビットコインやイーサリアムの最大の違いは、「インセンティブ」です。Web1.0の頃から世界中で多くのOSSプロジェクトが稼働し、日本でもスマホOSなどの巨大OSSプロジェクトの恩恵を受けているユーザーは多いですが、OSが普及したからといって、OSの初期ユーザーが利益を得ることはありませんでした。OS関連ビジネスで利益を得た企業はもちろん多く存在しますが、それは各社の企業努力によって得た利益であり、OSユーザー数の増加によって直接もたらされる利益ではありません。

Web3のビットコインやイーサリアムとは、そこが大きく違います。ブロックチェーンでは、開発者・投資家・ユーザーの垣根は低く、多くの場合、2つ以上の立場を兼ねています。ビットコインの初期ユーザーは、誰でもビットコインに投資することで、ビットコインの値上がり益を得ることができました。それはイーサリアムも同様です。

このような特徴を持つプロダクト指向型DAOは既に変化しています。

イーサリアム以降の多くのブロックチェーンは、主体となる開発企業が中心にあります。つまり、既に巨大なライバルがいる状態なので、完全にコミュニティーベースで世界規模の開発者と資金を集めるのが現時点では難しくなってしまったのです。そこで折衷案として登場したのが、一度中心となる開発会社（または財団）を作り、プロダクトが一定規模以上に成熟し、開発者・投資家・ユーザーが充実したら会社（または財団）を解散してDAO化する方式です。

開発会社（または財団）をDAOにするのは、まるで衛星の打ち上げのようなものです。地球の重力を振り切るには巨大なロケットと多くの燃料を燃やし尽くさないといけませんが、一度宇宙へ抜けた後は慣性飛行します。かつては多くのロケットが宇宙へ到達する前に燃え尽きたように、今後も多くのWeb3を目指すプロジェクトがDAO化を目指して立ち上がっては燃え尽きていくでしょうが、その試行錯誤を経て人類は進化するのです。

プロダクト指向型DAOの事例として、第5章ではMakerDAOを取り上げます。財団であるMaker Foundationに勤務し、財団の解散までを見届けたKatheleen Chu氏から、半永久的に稼働し続けるプロダクトを生み出して稼働させるにはどうすればいいのかを、インタビューを通して紹介します。また、第7章では、現在進行形で開発会社からDAOへ移行中のENSというプロダクトに携わっている井上氏に、DAOに移行する過程の試行錯誤について伺っています。

2022年現在、ブロックチェーン開発やDeFi関連は①プロダクト指向型DAOが多く、NFT関連は、次に説明する②目的指向型DAOや株式会社が多いです。

②目的指向型DAO

②目的指向型DAOは、文字通り共通の目的のために集まった組織が作るDAOで、その組織の目的が達成されるにつれて初期のコミュニティー全体がトークンの値上がり益を享受できます。①プロダクト指向型が非中央集権性、永続性が重要なのに対し、②目的指向型DAOは中央に明確なコアメンバーがいる場合も多いので、企業活動と対比されます。DAOの日本語訳である分散型自律組織という概念からすると違和感を抱くかもしれませんが、現実問題として、スマートコントラクトをほとんど介さない実質中央集権的な組織もDAOを自称する事例が散見されるので、ここでは目的指向型DAOもDAOの一種として定義しています。

第4章では目的指向型DAOの事例として、ほんの数年で全世界的なDAOを作り上げたYGGのGabby Dizon氏にインタビューしています。また、ブロックチェーンゲームを扱うDAOは目的指向型DAOである場合が多く、ゲームの開発自体を本格的にDAO化しようとしているケースは少なくありません。なぜなら、そもそもゲーム開発自体が中央集権的なトップダウンの突破力が必要な場合が多々あり、合議制に向いていないからです。

目的指向型DAOと株式会社を比較すると、明確な違いはステークホルダーの種類と数です。株式会社の例としてスタートアップを取り上げると、そこで働く20代の若者が、会社が上場したとたん、自分たちは単にやりがいを搾取されていただけだったという現実を突き付けられる事例は少なからずあります。会社の上場で多額の利益を得るのは一部のVCと役員だけで、給料を削って受け取っていたはずのストックオプションは、IPO価格にかなり近い基準なので、初期投資家ほどのリターンを期待できないという事例がしばしばあります。そもそも一般社員はストックオプションすらもらっていないケースもしばしばあります。また、そのスタートアップが提供するプロダクトの初期ユーザーは、企業の上場で何らかの金銭的利益を得ることはありません。昔から知っていたと自慢できるぐらいです。

一方の目的指向型DAOは、「VC、経営陣 vs 一般社員、ユーザー」といった対立は、Web2.0よりは発生しにくいです。なぜなら、DAOの場合、トークンを発行した時点で分配が可能だからです。ここで登場するのがDeFiです。株式会社の場合、上場して一般顧客が株を手に入れるには何年もかかりますが、Web3の場合、プロジェクト側がトークンを配ろうと思えばプロジェクト立ち上げ直後から配布可能であり、「DEX*」と呼ばれるDeFi関連のプロダクトを活用すれば、トークン配布時から他のトークンと交換することも可能です。もちろん、実際にはトークン価格維持や流動性の問題などがあるので、プロジェクト立ち上げ直後にトークンを配るのはまれであり、多くの場合はある程度プロジェクトが軌道に乗ってからトークンの分配が始まります。それでも、株のように上場審査だけで何年もかかる仕組みと比べるとそのスピード感は圧倒的に違います。

＊Decentralized Exchangeの略称。日本語では「分散型取引所」。DeFiの一種で、仲介者を必要としないスマートコントラクトでつくられている

逆に言えば、トークンを発行できないWeb3プロジェクトのビジネスは厳しくなります。それは、周りが皆株式で資金調達しているのに、自分たちだけ株を封じられているようなものだからです。実はこれは、日本の実情を表しています。Web3を加速させるために「日本の税制改革が急務である」との認識が増えてきたのは、今の日本の税制で勝負をするにはあまりにも分が悪いからです。もっとも、前述したようにWeb3関連の

本社はほとんどがタックスヘイブンに移るので、日本が税制を変えるにしても、相当に思い切った改革をしないとシンガポールやドバイに法人を立てる流れは止まらないでしょう。

優秀なコミュニティーを取り込んだDAOは半永久的に加速し続けますが、短期的な利益を目的としたトークンホルダーばかりが集まってしまったDAOはポピュリズムや政争に陥って開発が遅くなる事例も多くあります。成功するDAOと失敗するDAOは何が違うのか、といった研究は今後盛んになっていくでしょう。また、DAOには当然失業保険もなければ年金もないので、株式会社の制度に慣れ親しんだ層がDAOだけで生きていくには相当な価値観の転換が必要となります。

現在のWeb3の基本精神は、ビットコインの論文を踏襲しています。つまり、国家や一部の超巨大企業に支配される世界ではなく、テクノロジーによって個人の財産や所有をデジタル上で実現しようとするリバタリアンな要素が強いのです。これは、言い換えると弱肉強食の世界であり、前提として、自分の財産は自分で産み出せる人間のみが参戦するべき世界です。

これらを踏まえると、DAOは一般企業の置き換えというよりは、今まで企業では実現できなかった領域をDAOとして組織化していく事例として、当分の間注目されることになるでしょう。

重要キーワード（3）NFT　所有革命

デジタルデータに所有の概念を付与するNFTは、既に日本でも多くの場所で見聞きされていると思います。ですが、あまりに急速に普及したため、過度の期待や過度の恐怖とともに広まってしまった感があります。特に日本ではデジタルアートやトレーディングカードの用途が広まり過ぎてしまったので、他の用途があまり知られていないように思います。

NFTは世界で広く稼働していますが、現在の日本の法律ではデジタルな存在であるNFTの所有権は定義されておらず、実態としては、スマートコントラクトによって所有物のような状態であると認識されているのです。

Web3全般に言えることですが、そもそもWeb3が盛り上がった前提として、Web2.0時代の自由競争の結果としてGAFAに代表されるプラットフォーマーに個人情報が集約され、それらプラットフォーマーの影響力が大きくなり過ぎてしまったことへのカウンターカルチャー的な要素があります。Web2.0の場合、どんなにフォロワー数の多いアカウントであっても、アカウントのデータはプラットフォーマー側にあり、ユーザーはあくまでも、プラットフォーマーのサーバー内のデータを借りている存在にすぎないのです。プラットフォーマーの都合でいつでもアカウントが停止されることもあり、米国の元大統領トランプ氏が任期中に一斉にSNSのアカウントを停止された事件は象徴的です。

対して、Web3の基盤にはブロックチェーンがあり、パブリックブロックチェーンは象徴的な存在です。パブリックブロックチェーンとは、インターネットに接続できる人であれば誰でも許可なく取引に参加でき、管理者が存在しないブロックチェーンのことです。特定の国家や企業が利益を独占するのではなく、人類共通のインフラとして稼働しており、理論的には100年後や1000年後も永続する可能性があります。1000年続くコミュニティーとなると、多くの企業や国家よりも長い寿命です。

高額NFTの多くがパブリックブロックチェーンに刻まれています。これは、パブリックブロックチェーンに刻まれること自体に価値があると見なすコミュニティーが一定規模で既に存在していることを示しています。

本書執筆時点で普及している6種類のNFTを順番に解説します。

NFT①デジタルアート

デジタルアートは、日本でも広く知られているNFTの使われ方です。Beeple氏の75億円のデジタルアートや、せきぐちあいみ氏の1300万円のデジタルアートなど、その高い売買金額が話題になったので聞いたことがある読者も多いでしょう。

実際に人々が売買しているNFTの中身は、画像や動画のURLが書かれたjsonファイルのそのURL自体をブロックチェーンに刻んだコントラクトです。画像や動画自体がブロックチェーンに刻まれているわけではありません*。NFTの中に画像や動画ファイルへのリンクが記載され、NFTマーケットプレイスのサービスを通じてその画像が表示されます。

＊画像自体をブロックチェーンに刻む「フルオンチェーンNFT」という種類のNFTも近年増えている。リンク先の動画ファイル自体も、第三者に改ざんされていないことを証明できるよう、IPFSに保存されている場合が多い

現時点では誰でもNFTを発行できてしまうので、画像や動画データをコピーされてしまうという指摘はありますが、NFTを発行したアドレスをコピーするにはブロックチェーン全体をハッキングしないといけないので実質不可能となっているのです。画像はコピーされますが、NFTを発行するアカウントや過去の取引履歴がコピーされない点が重要なのです。

インフルエンサービジネスに関わったことがある人なら誰しも経験したことがあると思いますが、現在のWeb2.0のSNSでは、慢性的に偽アカウントが生まれ続けることを防止できません。そもそも、インフルエンサーの側ですら、プラットフォーマーのデータベースの中でアカウントを借りている立場であり、アカウントを所有していないのです。一方のWeb3では、インフルエンサー自身がアカウントを所有していますので、自分自身が本物であることを説明する必要はありません。

NFT②コレクタブル

コレクタブルというのは、一度に1万個や2万個といった大量に同じような絵柄のNFTを発行する手法のことです。多くのセレブが購入して話題になったCryptoPunksやBAYC（Bored Ape Yacht Club）、日本出身の現代アーティスト村上隆氏とコラボしたCLONE Xなどが有名です。

コレクタブルとデジタルアートの最大の違いは、デジタルアートの価値は作家が生み出す場合がほとんどですが、コレクタブルの価値はコレクタブルのホルダーが発展させていくことです。多くのコレクタブルはDAO化しており、コレクタブルの開発を進めている企業があったとしても、コミュニティーとの対話なくしてコレクタブルを成功させることはできません。日本ではまだ、このコレクタブルという新しい概念の研究が少なく、既存の有名IPのグッズ販売にとどまっている場合が多いですが、実はコレクタブルこそWeb3ならではの大きなビジネスチャンスです。これについては、第8章で詳しく取り上げます。

NFT③ゲーム

NFTがキャズム（隔絶、溝）越えをしたきっかけはデジタルアートでしたが、最初にNFTが使われ始めたのはゲームです。ただそれはまだ黎明期であり、多くの期待と失望を取り込みながら進化している途中です。第3章ではブロックチェーンゲーム業界で随一の存在感を見せるVCのAnimoca Brands社に、第4章ではAxie Infinityの世界的な成功を支えたといっても過言ではないゲームギルドのYGGに話を伺っています。

NFT④メタバース

Web3と同じタイミングでメタバースが話題になったこともあり、Web3とメタバースはセットのように話題に上ることが多いですが、2022年4月現在、Web3とメタバースの両方を実践できている大規模プロジェクトは10もありません。そうした状況で、第6章では執筆時点で世界一の規模を有する「Decentraland」の話をまとめています。インタビューの中にも出てきますが、Decentraland自体はプラットフォーマーを目指すのではなく、Decentralandというプロトコルを作り終えたらDAO化を目指しているとのことです。これは非常に印象的です。

NFT⑤音楽

音楽業界は、積極的にNFTを活用する業界の一つです。楽曲のストリーミング収入の分配権付きNFTや、音楽フェスの優先アクセス権付きNFT、イベントチケット自体のNFT化など、権利と絡めた活用例が多いのが特徴です。

NFT⑥その他（ドメイン、金融、不動産など）

その他の活用方法として、第7章で登場するENSのように、ドメインサービスとしてのNFTの活用方法も注目されています。また、不動産自体をNFT化して売買する事例は米国を中心に増えています。日本ではウイスキーの樽と引き換える権利のNFTが有名で、多くの新しい事例が増え続けています。

日本企業、日本人にチャンスはあるのか

このようにNFTだけでも多様な使われ方をしており、数年後には現在では想像もつかないWeb3の活用方法が登場していることでしょう。しかし、一見突飛なプロジェクトに見えても、世界規模で影響力をもたらすプロジェクトであるならば、それらはすべて、DeFi、DAO、NFTの掛け合わせの延長にあると確信できます。それこそがWeb3の哲学だからです。

Web3のインフラとなるブロックチェーンの開発競争はほぼ決着がついていますし、既存の日系企業の文化からして、DAO化をゴールにするという概念を（Web3になじみのない株主に）理解してもらうのは困難でしょう。しかしながら、NFT関連ビジネスはまだまだこれからで、新規参入のチャンスは大いにあります。また、日本でも将来規制が変わってくればDeFiやDAOと深く関わるビジネスを日本法人でも行える可能性はあります。その際の現実的な道しるべとして、第10章では法律的な知見からアンダーソン・毛利・友常法律事務所の長瀬氏にお話を伺っています。

日本企業ではなく個人で考えれば、グローバルに展開するDAOの一員としてプロジェクトに参加することはこれからも可能ですし、自らがDAOを立ち上げることも当然可能です。日本人だからといって日本企業の一員として働く必然性はなく、個人やコミュニティーに新しい働き方や生き方の選択肢が増えたのもWeb3時代であると言えます。本書の内容が、これからの読者の皆さんのキャリアプランの参考になれば幸いです。

第2章

日本のWeb3スタートアップはグローバルへ向かう

interview with Astar&Shiden Network 渡辺創太

text by 馬渕邦美

インタビュー時26歳の渡辺創太氏は、Web3の有望スタートアップStake Technologies社の創業者兼CEOです。大学3年生の時にシリコンバレーに渡り、ブロックチェーン企業で働き始め、その後、日本で起業し、現在はシンガポールや米国を拠点に、グローバルに事業を展開しています。日本からグローバルに飛び立ち、Web3でチャレンジし、国内外で大きな注目を集めている代表的な存在と言えるでしょう。

Stake Technologies社は、「Astar Network」という日本発のパブリックブロックチェーンを作った企業です。パブリックブロックチェーンとは、インターネットに接続できる人であれば誰でも許可なく取引に参加でき、管理者が存在しないブロックチェーンのことです。Astar Networkの特徴は、異なるブロックチェーンを相互運用できるポルカドット（Polkadot）*のパラチェーンとして、ポルカドットだけではできないスマートコントラクトのデプロイや実行をするためのdApp（decentralized applications、分散型アプリケーション）ハブとなる点です。またdApp開発者へのマネタイズを行うdAppステーキングなどの特徴があります。

＊異なるブロックチェーンが相互運用できる分散型Web世界を目指したブロックチェーン。ギャビン・ウッド氏を中心としたWeb3 Foundationが主導して開発している

渡辺氏が日本で起業した2019年以降、現在までの経緯を表にまとめました（**図表2-1**）。渡辺氏は、日本でも多額の助成金や資金を獲得するのに成功し、国内外の企業や大学と提携していました。その彼が、なぜ海外に拠点を移したのでしょうか。そこは重要な点です。仮に日本にとどまっていたらどうだったのでしょうか、インタビューでは、Web3において日本の起業環境、人材、法規制、税制などに問題点はあるのか、日本のWeb3は今後どうなるか、どうすべきか、などについても伺っています。

図表2-1　2019年以降の渡辺氏の経歴

出所：Stake Technologies, "Who We Are." https://stake.co.jp/company#about.（2022年4月4日閲覧）

年	月：主な出来事
2019年	1月：シリコンバレーから帰国後、東京大学の研究生をしていた時の仲間とStake Technologies社を設立
	7月：Web3 Foundationの助成金プログラムに採択される。同Foundationの選出する世界22社／プロジェクトの一つになった。Web3 Foundationは、イーサリアムの共同創業者でWeb3という言葉を提唱したギャビン・ウッド氏を中心に、Web3の構築を目指している団体
	8月：シンガポール政府の支援するブロックチェーン・インキュベーションプログラムに参加
2020年	3月：米国カリフォルニア州立大学バークレー校の主催するブロックチェーン・アクセラレーションプログラムに採択される
	3～4月：Plasm Network（現Astar Network）の事前参加者を募集。30日で3億円相当以上の事前参加申込額が集まる
	10月：Stake Technologies社をシンガポールに移転
2021年	12月：Astar Networkは、異なるブロックチェーンをつなぎ合わせて相互運用を目指すポルカドットのパラチェーンとなる
2022年	1月：Astar Networkのトークン「ASTR」が、複数の暗号資産取引所に上場する。Polychain CapitalやAlameda Researchを含む投資家から2200万ドル（約25億円）の資金調達に成功する
	2月：Binanceに上場。時価総額は約1000億円となった
	3月：ブロックチェーンゲームやサービスの開発を手掛けるCryptoGames社、double jump.tokyo社などと提携。Astar Network（ASTR）は3月31日、15以上の新規プロジェクトが4月中に同ネットワーク上で立ち上がることを発表
	4月：ネットワーク上のdAppへの預け入れ総額を示す「Total Value Locked（TVL）」は13億ドル（約1600億円）に到達（2022年4月2日時点）

起業までの経緯

渡辺氏がブロックチェーンに興味を持ち始めたのは2016年のことです。当時は慶応大学の学生で、周りは銀行や外資系企業に就職する人たちが多く、彼も大学2年生くらいまではそうした方面に行くのだろうと考えていました。しかし、ビットコインが彼を変えます。当時ある雑誌でブロックチェーンや暗号資産のことを知り、これは世界を変えるテクノロジーに違いないと興味を持ち、そのテクノロジーを本場で学ぶためにシリコンバレーに向かいます。

CB Insights*というサイトに掲載していた格付けトップ100のブロックチェーン会社のうち、シリコンバレーにある会社を全部洗い出し、そのすべてにオファーメールを送りました。そして彼に興味を持ってくれた医療系のブロックチェーン事業を手掛けるクロニクル社で働くことになります。その間彼はシリコンバレーでさまざまなブロックチェーン企業のミートアップやカンファレンスに参加し、改めてこのテクノロジーの可能性を肌身で感じます。クロニクル社では約1年働き、その後、日本に帰国します。

*スタートアップやテクノロジー企業、ベンチャーキャピタルに関する独自のデータベースとレポートからなる有料情報サービスで、日本では日本経済新聞と提携

渡辺氏はシリコンバレーで多数の起業家から影響を受け、日本に帰国して起業します。それが、2019年に設立したStake Technologies社です。東大の研究生をしていた時の仲間と共に起業しました。

日本で起業することになりましたが、その頃から、日本だけでなくグローバルに事業展開することを考えていました。シリコンバレーで出会った起業家は米国のみを対象にするのではなく、最初から世界を視野に事業を企画しており、「自分は世界をこう変えたい」というビジョンを皆が持っていたことに触発されたのです。

渡辺氏は起業したStake Technologies社でパブリックブロックチェーン関連の事業を中核に据えます。最初は、パブリックブロックチェーン

のスケーリングソリューションを手掛けます。そんな中、当時ミートアップで来日していたギャビン・ウッド氏*の話を直接聞いた彼は異なるブロックチェーンを相互運用できるポルカドットに注目します。Web3実現のプラットフォームとなるポルカドットに接続する、Astar（当時の名称は「Plasm（プラズム）」）というパブリックブロックチェーンをつくり始めました。

* Gavin James Wood氏。英国のコンピューターサイエンティストで、イーサリアムの共同創設者でありポルカドットの作成者

当時、渡辺氏は、イーサリアムだけでなくさまざまなチェーンが成長し、それらがつながっていく「マルチチェーン」の未来を想像していたのです。だからポルカドットのエコシステムに賭けることにしました。実際、2022年現在はマルチチェーンの需要が高まっており、渡辺氏の想像した未来が現実になりつつあります。

Stake Technologies社は、暗号資産取引サービス米国大手の企業から出資を受けるなど、トップファンドらから累計約35億円の資金調達を実施しました。Astar Networkのトークン「ASTR」は、2022年1月に暗号資産取引所に上場し、同年2月末にはユーザー数、月間取引高で世界有数の規模を誇るBinance（バイナンス）にも上場しています。ASTRの時価総額は一時約2000億円を超える規模まで成長しました。しかし渡辺氏はまだまだ通過点だと話しており、「少なくとも20代で1兆円規模を目指したい」と考えています。

パブリックブロックチェーン、ポルカドットを選んだ理由

アプリ開発と比較すると、パブリックブロックチェーンを手掛けるのは困難です。しかしそこには明確な理由がありました。渡辺氏は、以下のように語っています。

「プロトコルとアプリケーションの収益性の視点で見た場合、インターネットのWeb2.0の時代は、プロトコル（例えばTCP/IP[*1]やHTTP[*2]）はあまり収益が上がらず、その上の層に位置付けられるテックジャイアントの収益性が高いです。しかし、ブロックチェーンを核にするWeb3ではこれが逆転し、アプリケーションよりもプロトコルの収益が上がる、Fat Protocolsという構造があります。そこから考えて、ConsenSys社[*3]のように、レイヤー1の開発に携わる企業が一番注目されていて、レイヤー1をつくる方が大きなビジネスができると考えたのです[*4]」

＊1 TCP（Transmission Control Protocol）とIP（Internet Protocol）を組み合わせた、インターネットなどで標準的に用いられる通信プロトコル（通信手順）

＊2 HTTP（HyperText Transfer Protocol）は、Webサーバーとクライアントのwebブラウザーがデータを送受信するために使用するアプリケーション層のプロトコル

＊3 イーサリアムを専門に扱うブロックチェーンソフトウエア技術企業

＊4 ビットコインやイーサリアムなどのレイヤー1のブロックチェーンはスケーラビリティー問題を抱え、ブロックチェーンだけで取引と記録をすると、時間と手数料がかかる。取引の一部をレイヤー2で解決する方法もあるが、ブロックチェーン自体で解決しようとする考え方

「自分がやりたいことをやる一方で、出資を受けて会社を始めたので、起業家として、株主やトークンホルダーにしっかり収益を返すことはとても重要だと思います。そういう考えから、いばらの道だとは思いましたが、レイヤー1をつくる選択をしたのです」

渡辺氏が26歳という若手ながら、グローバルに展開するスタートアップ企業をここまで成長させることができた要因はいくつかあります。特に注目したいのは、「プロトコルやプラットフォーム的な事業に展開するか、アプリ的な事業に展開するか」の判断でしょう。若いながらも出資者視点で収益性を考え、プラットフォーム的な事業に展開したことが非常に重要でした。

もう一つの要因は、異なるブロックチェーンでの相互運用を可能にするマルチチェーンとして、ポルカドットを選択したことです。当時のマルチチェーンにはポルカドットだけでなくコスモス（COSMOS）*もありましたが、渡辺氏はポルカドットを選択した背景を次のように語っています。

＊ブロックチェーンを相互に運用させるためのプロジェクト。2016年にホワイトペーパーをリリースし、2017年にICOを実施

「ポルカドットをつくったギャビン・ウッドが来日した際のミートアップのホスティングをしたので、ギャビンはじめポルカドットをつくっている人たちと対面で会っていたということが大きいです。その他、自分は起業家として大胆である一方、セーフティーなところも見ています。現実的にどれだけ資金力があるか、どれだけ良い人材がいるか、といったことも分析しました。資金力があれば、良い人材をグローバルで雇え、良い人材がいれば良いプロダクトをつくれます。そういった意味でポルカドットは200億円くらいのICOをしている一方で、コスモスは24億円くらいのICOでした」

「また、人材という点でもイーサリアムをCTOとして率いていたギャビン・ウッドや、イーサリアム創業者を輩出したフェローシップに選ばれているロバートや、そういう人材がリードを全面的にやっていたので、ポルカドットを高く評価していました」

「技術の点では、コスモスの方が取り扱いやすい印象でしたが、チャレンジをしているのはポルカドットだと思ったのです。自分の仮説の中ではポルカドットの方が将来大きくなると思い、ポルカドットに賭けることにしました」

ポルカドットの選択において、渡辺氏自身も語っているように、彼は起業家としての大胆さとともに、リスクの分析力、収益性や将来性の把握力などを備えています。

ロックドロップの採用とその背景

Astarはトークンの流通と資金調達手法として、法定通貨や暗号資産ではなく、機会費用を担保にした「ロックドロップ」（Lockdrop）という、新しい独特な手法を用いています。ロックドロップとは、ビットコインやイーサリアムなどを持っているユーザーが指定された時間だけ暗号資産を動かせないようにロックすることで、その対価として新しいトークンを受け取ることのできる仕組みです（**図表2-2**）。

このような手法を使用した意図はどこにあるのか。日本の税制や規制からやむを得ず行ったのか、その他の要因があるのか。この点について、渡辺氏に伺いました。

「ロックドロップを採用した理由は2つあります。1つは、やむを得なかったという理由です。日本でネイティブなWeb3とかブロックチェーンでトークンを扱うと、資金決済法に引っかかってしまう可能性が非常に高いのです。ロックドロップというのは、イーサリアム上のスマートコ

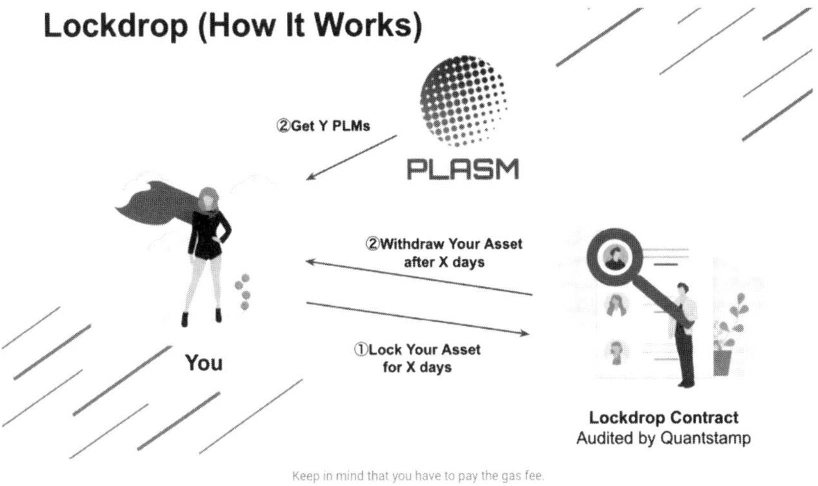

図表2-2　ロックドロップの流れ

実際に最初に発行されたロックドロップは、イーサリアムの機会費用を使用している。イーサリアムトークン保有者の機会費用は、ロックされているトークンの数とロックされている期間に比例する。PLM（Plasm Networkで使われる暗号資産）はそれらの機会費用を担保に価値を生み出すことができるが、最終的なトークンの供給量は決定されない。これにより、生成後のロックドロップから発行されたトークンの公平性が確保される。最初のロックドロップからミントされたトークン全体の一定比率が手数料としてPlasmチームにいく。健全なトークン供給を維持するために、複数回のロックドロップが実施される。出所：https://docs.astar.network/v/japanese-v1.0.4/learn/tokeneconomics/multi-lockdrop（2022年4月3日閲覧）

ントラクトを僕たちでつくって、イーサリアムのトークンホルダーである参加者たちのETH（イーサ）をスマートコントラクトでロックします。そして一定期間、例えば30日や100日や1000日と経過したら、参加者はロックしたイーサリアムを引き出せるという仕組みです。参加者は、ロックしている間はそのトークンが使えません。その機会費用を基に、トークンを発行して分配するのがロックドロップです」

「自分たちのトークンの大体30％はこのロックドロップという手法を使っています。それに対して、金融庁から複数回の問い合わせがあり、弁護士を入れて回答しました。健全なトークン供給を維持するために、複数回のロックドロップを実施するマルチロックドロップ（Multi-Lockdrop）を行っています」

「ロックドロップとICOは違います。ICOは不特定多数の人から実際に資金を調達しますが、ロックドロップは不特定多数の人がスマートコントラクトにロックをしているだけです。スマートコントラクトは秘密鍵がないので、僕たちが預かっていることに該当しないのです。本当は、グローバルなプロジェクトが当時やっていたようにICOをして、しっかり資金調達できれば一番よかったのですが、日本ではそれができませんでした。もっとスムーズな調達手段があったのに、やむを得なかったという思いはあります。振り返ると結構ビハインドからスタートした感じですね」

「ロックドロップを採用したもう一つの理由は、しっかりとした哲学を持ってやることがすごく重要だと思っていたからです。暗号資産のビジネスは収益性が高いので、若い人たちが大金を稼いでドバイでワイワイしているみたいな印象があるかもしれません。しかし、僕はそういうのには興味がないんです。ブロックチェーンの背後にある思想とか社会のインフラをつくる部分が、本当に重要で面白いと思っています」

「当時それほどお金はありませんでしたが、自分たちの思想であるフェアという視点は強く持っていました。ロックドロップの初期参加者は自分たちのトークンを支払うわけではなく、機会損失しかしていません。イーサリアムの価格も当時から10倍になっていますので、Astarに初期から参加していただけた人たちは100％プラスになっているはずです。真にフェアで公平な社会基盤を作るという点で、ユーザーを絶対にマイナスにさせないというところは、僕たちの思想というか哲学的な部分です」

「なおロックドロップという手法では、Astar側のもうけはゼロです。誰でも同じ時間に銘柄を購入することができる、フェアローンチのために実施しました。今なら、もう1回は絶対にやらないと思います（笑）」

「哲学を持ってやろうという一方で、競合に勝たないとそもそもマーケットに存在できません。競合はそこでしっかりICOして、数十億円をつくって、それを運用資金にしています。そう考えると、本当にマイナスからのスタートでした。みんなが最新のランニングシューズで参加するマラソンに、1人だけ最初の10キロ20キロを革靴で走っているみたいな」

渡辺氏のインタビューから、ロックドロップを利用した理由は日本の法規制にあり、諸外国と比較して不利な選択を迫られていることが示されています。日本には投資家に対する公平な環境の提供といった視点はあっても、ICOやICOの変形版とも言えるSAFT（Simple Agreement for Future Tokens）による資金調達による企業の運用資金取得、活用、税制といった視点では、海外に比べて不利なのです。それによって、起業家が競争の場を海外に移したり、起業家人材の海外流出が起きたりしているのです。

シンガポールでの法人運営と米国での事業展開志向、人員配置

日本に設立したStake Technologies社は株式会社で、株式を発行して資金を調達した他、元大手企業会長兼CEO、大学教授、ソーシャルメディアマーケティング企業創業者から1500万円程度の出資を受けました。そ

うした経緯があったので、日本の法人を解散する際、財産の分配という形で一部返しました。

日本法人を解散してシンガポール法人を設立し、渡辺氏自身もシンガポールに拠点を移します。シンガポールではWeb3事業に専念し、株主は彼１人、基本的に全部トークンで事業を進めています。そのため、もともと株主だった方々はアドバイザーとなり、将来的にはトークンを配布する予定です。

Web3に本気で取り組んでチームを組成すると、チーム内の人口比率は世界の人口比率に近づくという仮説があります。現在のシンガポール法人はどのような従業員構成になっているのでしょうか、また事業展開を行う国は今後どのような計画なのでしょうか、渡辺氏は以下のように語っています。

「Web3のプロジェクトには地域性があり、僕たちの場合は日本人なので、日本という文脈での盛り上がりはやはり強いです。今のチームは26人で、内訳はアジアに10人、欧州に10人、米国に4人、その他に2人です」

「Astarはアジアから始まったプロジェクトなので、現在投資家やdAppを開発してくれる人は、日本人をはじめアジア人が多いです。ただ、日本でプレゼンスが高いのは、チャンスではなくピンチだと認識しています。やはり米国で勝たないと、トップ20など多くの人に使われるチェーンはなかなかつくれないと思っています。今、ニューヨークに来ていますが、米国でのプレゼンスを高めないといけないと痛感しています。CMO（チーム・マーケティング・オフィサー）を米国で採用したので、もっと米国で人を増やしていくつもりです」

渡辺氏自身が日本人であり、現状ではアジア、特に日本に強みがあるが、重要なマーケットの場、イノベーション創出の場として米国が重要という認識です。これは多くの新技術、新市場で見いだされることですが、規制環境とともに日本の課題といえるでしょう。

10年後の自身の将来像と
その基盤にある過去の体験

渡辺氏はまだ26歳と若いですが、10年、またその先に、個人として、また会社として、どのような展望を持っているかを伺いました。

「Web3の業界は数カ月先ですら分からないくらい技術や事業環境が早く変化するので、10年後は何をしているのか、全く分からないですね。ただ、10年先にWeb3がインフラになったとき、自分がWeb3のプロトコルをつくっているかと考えると、多分やっていないと思います。今は、Web3のインフラがまだまだ全然整備されていなくて、逆にそこに高い収益性のチャンスがある段階なので、ブロックチェーン自体をつなげる部分に注力しています」

「10年後にはブロックチェーンがしっかりつながっていると思います。例えばイーサリアムの基盤の上にポルカドットも完成し、その他複数のチェーンもしっかり立ち上がり、それらが相互につながって、安い速いといった、今のインターネットのような状態になっているでしょう。そして、実際に社会にWeb3が浸透しているような状況になると思います」

「今、このインターネットがある世の中に、インターネットのコアなプロトコルをいじってつくる会社は少ないし、そこにビジネスチャンスもあまりありません。それよりは、インターネットを使って何をつくるかが大事です。ブロックチェーンも10年後になると社会のインフラになって、今のインターネットのようになると思います」

「10年後は、Web3の上に何をつくるかというところに、僕は注力していると思います。興味があるのは環境問題です。僕らの年代の人たちがグローバルで解決しなければいけない大きな問題の一つだと思っています。例えば、核融合とかをディープテックで、本当に世界レベルでインパクトがあるもの、ゲームチェンジになるものに、しっかり自分のお金と時間を費やしているような10年後を想像しています」

「学生の頃、僕は、中国とかロシアとかインドでインターンをして、現地の収入を見て、ボランティア活動もしていたことがあります。貧困とか格差とか、いろんな問題を自分の目で見てきて、日本はすごく恵まれた国だと思ったのです。やろうと思えば、たとえグローバルであっても日本はすごいポテンシャルがあり、なんでもできる。それができない国、生まれた環境でそもそも上限が決まってしまう国もあります」

「そういう国々を見て、恵まれた地域にいるからこそ、グローバルレベルの社会問題とか、インパクトのある問題、技術に取り組みたいと、ずっと思っています。ブロックチェーンもその一つで、Web3も自分が生きている間に取り組まなければいけない社会的なインパクトのあるテーマと考えています」

渡辺氏のこの見解には、自身の将来の志向以外に、Web3の事業特性、またその環境変化に対する重要な示唆が含まれています。Web3の現在の事業では、プロトコル、プラットフォームの部分がまだ不十分でそこの収益性が高いですが、10年後はそれらの整備が進み、Web3上で何ができるかというアプリ的な部分が重要になるという認識です。具体的に示されている環境問題解決も、地球レベルの課題として重要性が高く、その部分への関心に対する渡辺氏の志向もうかがえます。

組織の将来像と規制や人材の点から日本が変化する必要性

ブロックチェーン技術を利用するWeb3の会社の将来像として、その組織形態をどう考えているのでしょうか。現在のシンガポールの会社は、株主は渡辺氏のみであり、他はトークンベースとなっています。本書で説明しているMakerDAOのような運営になるのでしょうか。また、Web3の会社としてグローバルで事業を展開することは当然として、仮にDAOであってもそれを運営する人材がいて、本拠地を構えることが想定されます。その立地をどのように考えるか、やはり日本以外の国が適切なのか、日本には何が欠けていて、どう対応すべきなのでしょうか、そういった問いに対する渡辺氏の回答は、以下の通りでした。

「Stake Technologies社は、あと3年くらいで解散すると思います。もちろん解散自体がゴールではなく、しっかりプロダクトが自律分散的に動いて、自分たちの会社がなくなっても、エコシステムとコミュニティーが自然に醸成されていくことが目標です。3年というのはあくまで仮説ですが、それまでにできるといいなと考えています」

「ブロックチェーンの会社では、多くのユーザーが使うブロックチェーンをつくればつくるほど、そういう方向になると思います。例えばビットコインの裏側には会社はないし、イーサリアムの裏側にも会社はありません。Astarというプロダクトプロトコルが十分に分散されるのがゴールであり、Stake Technologies社という会社が解散することは、むしろAstarにとって良いことです。よく誤解されますが、会社を解散することとコアメンバーがコミットをやめることは同義ではありません。解散後は複数のエンティティーが開発に関わっていくことになると思います」

「そのとき、アセットが時価評価されるとそれなりの額になると思うので、それをファウンデーションという形態にして、スイスかシンガポールに立てると思います。自分は今、Stake Technologies社のCEOですが、先々はAstarの１人のオープンソース・コントリビューターになりたいですね」

やはり、プロジェクトの最終的な組織形態としては、自律分散型のDAO的組織を想定しているようです。また彼自身も企業のCEOから、その組織に貢献する１人のオープンソース・コントリビューターになりたいという明確な像が描かれています。一方で、組織の登記上の所在はスイスかシンガポールに立てるという見解を持っています。それはなぜかという疑問に対する見解は以下の通りです。

「Web3をネイティブにやろうとすればするほどグローバルになりますので、Web2.0のときよりどの国にいるかという意味は小さいと思います。インターネットさえつながれば、米国のマーケットにもアクセスできるし、中国のマーケットにアクセスできないことはありません。どこにいるかというのは、今までよりも重要視されない世界だと思います」

「ただ、会社をどこに設立するかというのは、どうしても法律とか税制の問題と絡むので重要です。期末に法人が暗号資産を持っていることに対する法人課税は高く、海外のプレイヤーにその話をすると驚かれます。資金決済法も会社にとって厳しいです。このような点から、現状、Web3の領域において日本で会社をつくることは、グローバルで勝つという点から見ると、とてつもなくハードルが高いです」

「だからファウンデーションも、スタートは、シンガポール、ドバイ、スイスなどに行ってやった方がいいだろうと思っています。人材が集積しているという理由もあります。シンガポールやスイスは、政府や地域が主導してブロックチェーン人材を集めようとしています。1次情報が得られるネットワークは、ブロックチェーン業界ではまだまだ過小評価されている部分だと思います。誰に会って話をして、どういう1次情報を得るかというのは大事で、人が集積していることはすごく重要です」

「シンガポールやスイスと逆向きに動いているのが日本で、多分グローバルに行動しているデジタルネイティブな人たちは、みんなどんどん日本から出ていると思います。そうなると、ドメスティックにやっている人たちの集まりになってしまい、若い人たちの視座もそこにとどまってしまいます。やっぱり最初からグローバルに出るというのは、とても重要だと思います」

「ただ日本を捨てるのではなくて、グローバルで勝って、日本に戻さなくてはいけない時代になってくると思います。経済が停滞し、人口減少も進むと、海外で外貨を稼いで帰ってくる人たちがいないと、日本はおそらく成り立たなくなってきます。若い人たちがどんどん海外に出て海外で勝って、その知見や実績を基に日本の法律を変え、そうしてさらに日本に戻ってくるような動きを加速させないと、日本の先行きは明るくないと思います」

「手前味噌ですが、Astarの時価総額を1000億円規模にできたことが大きいと思っています。この（グローバル志向の人材が日本から出てしまうという）問題は3年くらい前からあり、当時から僕はずっと言っていましたが、そのころは注目してもらえなかったんです。しかし僕が海外で明確な数字の実績を出したことで、現在多くの政治家の方などに注目いただいています。また僕らに影響を受けた人たちが日本から海外に出ています。実際に人が動いていくことは、政府にとってはインパクトのあることだと思います」

「優秀なWeb3起業家ほど最初からグローバルを視野に入れるのは当たり前です。そんな人たちの比較対象はシンガポール、ドバイ、スイスになりますので、日本で中途半端な法律をつくっても人材流出は止まらないでしょう。できるかどうかは別として、経済特区とかをつくって自由にできるようにならないと、海外への人材流出は止まらないと思います」

Web3事業は、アクセス性という点ではグローバルのどこにいてもよいが、法律や税制という点では、スイスやシンガポールが適切という見方です。日本は資金決済法や税率の高さが課題となっています。また、Web3事業では若手でデジタルネイティブな人材が求められ、さらに、人と直接会って1次情報を得るには人材集積は重要だと指摘しています。その点で日本は逆行し、人材流出が続いて空洞化が進んでいるのです。

これらの課題についての渡辺氏の考えも示されています。彼自身はスタートが海外であっても日本にコミットすることと述べています。海外への人材流出を防ぐには法規制、税率面での対応が望まれ、その面での改革、経済特区の創出といったことが考えられます。一気に法制度を変えることは難しくても、新しい試みが可能な規制のサンドボックス制度の活用などにより、その試みのメリットやデメリットを確かめられるといったことも必要でしょう。規制のサンドボックス制度とは、新しい技術やビジネスモデルの社会実装に向け、事業者の申請に基づき、規制官庁の認定を受けた実証を行い、実証により得られた情報やデータを用いて規制の見直しにつなげていく制度です。

また、当初はグローバルを視野に海外で事業をスタートしても、日本に戻ってくるような何らかのインセンティブ方策も考えられます。例えば、中国が実施した海亀政策（1990年以降に科学技術やその起業の領域で海外人材の呼び戻しを目的とした政策）のようなことも考えられますが、そのためには対象となる人材が豊富にいるという前提条件があります。中長期の展望を持って、法規制、教育、貿易、経済や科学技術政策など、多方面からの検討、対応が必要と考えられます。そのような検討自体に若手有望人材が関わることも必要でしょう。

Web3の領域での海外への人材流出については、渡辺氏に限らず、他の日本人へのインタビューでもほぼ同意見であり、今後早急に対応すべき重要な課題と言えるでしょう。

Web3に対するモチベーションと乗り越えるべき壁

イノベーションを創出し、また自身でそのイノベーションを育てていく経営者にとって、モチベーションは非常に重要と考えられます。特に、渡辺氏のような有望な若手人材にとって、何がモチベーションになるのでしょうか。また、将来の事業を考えるときの外部的なバリアーは何か、企業や事業の指標や目標とするところは何か、それらを含めて見解を伺いました。

「Web3という波は、自分にとってほとんどゼロのところから参入できる、世界的なイノベーションの一つだと思っています。自分は今26歳で、インターネットができた時は生まれていなくて、モバイルが始まった時は高校生で、そうしたイノベーションにゼロから入れる年齢ではありませんでした」

「今まさに、Web3やブロックチェーンという波が世界レベルで押し寄せています。その波は世の中を変え得る技術を内包しており、その波にほとんどゼロから入ることで自分たちが貢献でき、社会や世の中をよりアップデートさせることが可能になります。そうしたことが、僕にとってのモチベーションです」

「将来に向けてWeb3を全力で進めますが、先々は先ほども話した通りさらに領域を広げて、例えば宇宙とか核融合とか、そうした領域に挑戦したいです。Web3という領域においても、しっかりグローバルで結果を出し、関係者を幸せにするというのがすごく重要なことだと思っています」

「僕は金銭的なことは50代、60代で得られればよく、今はしっかり実績を出すことだと思います。自分の将来にレバレッジをかけ、日本のWeb3業界を前に進めることが、すごく重要です」

「乗り越えないといけない課題としては、サステナビリティーの問題とかプライバシーの問題とか、パブリックブロックチェーンだとどうしてもそういう技術の壁があります。それらを解決していくのは、ハードルが高いですがやりがいがあります。技術的な問題なので、いつか解決できるだろう思っています」

「技術以外の壁もあります。社会に暗号資産とかWeb3をマスアダプション（編集注：多くの人が適応すること）するに際して、政府や国とあつれきが起こると思いますので、それらに対して良い落としどころをしっかり見つけていかないといけません。多分この1～2年は、そうした壁がさらに高くなると予想されます。その点では、グローバルで議論されているような内容を、日本政府としてしっかり認識して議論をお願いしたいです。その間、僕たちはグローバルで結果を出し、それを日本にフィードバックしていくつもりです」

「まず、税制が変わらない限り、日本のWeb3業界に未来はないでしょう。そこを変えないと、人材流出は続き、日本でWeb3を進める人たちがいなくなるか日本ではできなくなることも考えられます。本当にそこを変えないと、これからWeb3をやりたいと思っている僕よりもっと若い世代が苦労することになります。そこは僕たちが当事者として、しっかりアプローチしていきたいと思います」

「僕は今シンガポールにいて、日本の状況が改善されなくても、自分や会社に直接の影響はありません。でもそれでは日本はまたイノベーションで後れを取ることになるので、日本にフィードバックを続けて貢献していきたいと思っています」

「自分の会社だけがもうかっていればそれでいい、みたいなことはなく、むしろ僕たちはAstarをDAOにしたいので、売り上げという指標は全然追っていません。どれだけ分散しているか、ネットワークにロックされている額はどれくらいか、コミュニティーの参加はどれくらいか、といったことを重視しています」

「今、会社には資本がたくさんありますが、むしろそれをゼロにしていく方向です。会社の資本数十億円を数百億円にしていくことに意味はなく、エコシステムをどうサステナブルにするかという観点を重視しています」

「どうやって収益を上げるかみたいな質問を最近よく受けますが、このように答えるとよく驚かれます（笑）」

モチベーションの在り方については、Web3を通じての科学技術、社会的課題の解決に主眼があり、個人の経済的な面については50代、60代で達成されればよいという考えが明確に示されています。もちろんその前提として、現在の会社の経営状況、資金調達状況が良いということはあるでしょう。

Web3の特性であるDAO的な事業運営から、売り上げという指標がなく、自律分散の程度、ネットワークにロックされている額、コミュニティーの参加率といった指標を重視しているという点は、従来の一般的な企業の経営指標とは大きく異なります。

一方で、日本の税制や規制環境に起因する課題はここでも指摘されています。もちろん、Web3事業の枠組みはグローバルに見ても固まっていないので、世界的に規制強化などが進む可能性はありますが、日本でもグローバルな視点での議論が必要と考えられます。

Web3では、トークンベースの資金調達、DAOによる組織運営などで、新たな事業運営が可能になり、ブロックチェーンをベースに事業領域や事業の仕組み自体も拡大、また変革されていきます。現在の事業以上にグローバル視点が必要とされる一方で、組織の立地や人材、対面での情報収集など、既存事業と同様の機能が必要とされる部分もあります。

創業者の視点では、20代で有力スタートアップの立ち上げが可能です。モチベーションの在り方は、Web3の特性、創業者の年代や指向といった点で、既存企業とは大きく異なる部分があります。そのため、外部環境とその整備の視点では、規制や税制に加え、人材のインセンティブの在り方、教育や人材の流動化も含めた対応が必要と考えられます。イノベーションの創出、起業に加え、それらの面でも、次代を担う若手人材の参画、活躍が必須と考えられます。

日本の法規制や税制で望まれる対応

渡辺氏へのインタビューを通じて、起業やその後の事業環境、必要とされる人材など、日本の問題が浮かび上がってきました。その中でも特に指摘していたのが、法規制や税制です。これらが解決されなければ、仮に優秀な人材が有望技術を生かして国内で起業しても海外に流出し、結果として日本の国益を損ない、日本の競争力を低下させてしまいます。

法規制や税制の具体的な課題については、第10章に示されているので、そちらを参照してください。

大きな問題ですが、政府や自治体の対応が進めば解決できる問題です。実際、政府や自民党においてこの問題は議論、検討されており、自民党NFT政策検討PT（プロジェクトチーム）*では、2022年3月に「Web3.0時代を見据えたわが国のNFT戦略」を提言しています。その中にはWeb3の中でNFTに関わる日本の課題が網羅的に示され、それに対する提言が掲げられています。NFTビジネスを支えるエコシステムの健全な育成に必要な施策として、**図表2-3**が示されています。

＊2022年1月26日に立ち上げられた自民党のNFT政策検討プロジェクトチーム。関係する業界などから意見を聞き法律や税制の整備を議論する。日本の成長やクリエイターを後押しする提案提出へも結びつけたいとの意向もある。2022年3月30日には、「Web3.0（ウェブスリー）」時代を見据えた、新たなデジタル戦略に関する提言（案）を取りまとめた。その中で、「Web3.0」について、「インターネットやデジタル経済の構造を根底から覆す新たな技術革新の波」であるとし、わが国が新たなデジタル経済圏を牽引していくための社会基盤やルールを早急に整備すべきとしている

図表2-3の最下段に、人材について「短期的には、起業家・エンジニアに魅力的な開発環境、税制を実現すべきである」との提言があります。海外起業家の訪日に関する記述もありますが、まずは渡辺氏のような優秀な人材が海外に流出しないようにする施策が必要でしょう。また、Web3事業では、DAOに関わる項目は重要であり、適用される法令、法律上の位置付けの明確化も重要と考えられます。

さらに、渡辺氏も指摘するように、発行法人が自ら保有するトークンについては、期末時価評価の対象から除外し、実際に収益が発生した時点で課税するような税制改正、またはトークンの取り扱いの見直しを行

図表2-3　NFTビジネスを支えるエコシステムの健全な育成に必要な施策

出所：自民党NFT政策検討PT、2022年3月、「NFTホワイトペーパー（案）Web3.0時代を見据えたわが国のNFT戦略（概要版）」 https://www.taira-m.jp/NFTホワイトペーパー案20220330_概要版.pdf より抜粋 （2022年4月15日閲覧）

問題の所在	提言
自社発行の保有トークンに対する時価評価課税の負担が非常に重く、ビジネスの海外流出の要因になっている	発行した法人が自ら保有するトークンは、期末時価評価の対象から除外し、実際に収益が発生した時点で課税するよう税制改正や取り扱いの見直しを行うべきである
新規暗号資産を発行する際の事前審査に長期間を要する	諸外国に比してトークン審査が過度に煩雑でないかを継続的に検証し、利用者保護に配慮しつつも、必要に応じた審査基準の緩和を行うべきである
投資事業有限責任組合（LPS）の投資対象事業に、暗号資産やトークンの取得・保有が明示的に含まれない	LPS法の改正や解釈明確化により、LPSによる暗号資産やトークンを取得・保有する事業への投資を可能にすべきである。また、GPIFなどによるブロックチェーン関連事業への投資の可能性について検討すべきである
暗号資産を発行・保有する企業が会計監査を受けられない事例があり、ビジネス発展の重大な支障になっている	会計監査を受けられない理由を明確化し、必要があれば会計基準の明確化を行うべきである。また、NFT取引に適用される会計基準についても、明確化に向けた検討を早急に行うべきである
個人の暗号資産取引の損益に、雑所得として最高55%の所得税・住民税が課される	個人の暗号資産取引の損益も、上場株式などの取引と同様に、20%の税率による申告分離課税の対象とすることも含め、検討を行うべきである
国境をまたぐNFT取引について、所得税・法人税・消費税の課税関係が一部不明確である	海外当局と協力して、課税関係の明確化と、課税の公平性を担保するために必要な体制を整備すべきである
DAOに適用される法令、法律上の位置付け、構成員・参加者の法的な権利義務の内容、課税関係などが不明確である	DAOは社会課題を解決するツールとなる可能性を秘めており、世界的な潮流を踏まえつつ、日本法における位置付けやDAOの法人化を認める制度（DAO特区、ブロックチェーン特区など）の創設について早急に検討すべきである
ブロックチェーン技能にたけた日本の起業家・エンジニアが、厳しい規制や重い税負担を嫌い、海外に移住。また、海外の起業家・エンジニアも訪日を躊躇している	短期的には、起業家・エンジニアに魅力的な開発環境、税制を実現すべきである。また、海外人材向けに、暗号資産関連ビジネスに一定の知識・技能を有する人材向けの特別ビザ（クリプトVISA）の発給など、流入を促す施策を実施すべきである。長期的には、デジタル関連の先端技術の人材の育成・確保に取り組むべきである

うべき、と考えられます。さらに、規制がない、規制が不明確、審査に時間がかかるといった点は早急に改善すべきです。具体的には、暗号資産を発行・保有する企業の会計監査、新規暗号資産を発行する際の事前審査、国境をまたぐNFT取引についての所得税・法人税・消費税の課税関係などが挙げられます。

NFTなどWeb3に関わる事業は国境をまたぐ取引が多く、国内の法規制のみでは対応できないことも多いと考えられます。起業、事業化のスピードアップの面からすると、法規制の確立を先行させるのではなく、特区や規制のサンドボックス的対応で、事業の試行などを優先させ、先に問題点を明確化し、その上で妥当な法規制を確立したり、法規制以外の方法で対応したりするといったアプローチも必要と考えられます。

日本の課題と競争力強化について

渡辺氏へのインタビューから得られた知見を基に、日本の課題と、日本が勝つための競争力強化の方向性についてまとめました（**図表2-4**）。

事業所の立地は、人材、資金調達、税制・法規制に関係するので、そうした点を踏まえた見直しが必要と考えられます。その際、渡辺氏が指摘しているように、若手の有望人材は個人の利益より社会課題解決を目的とする指向が強いので、日本の課題である地球環境問題、次世代エネルギー、高齢化社会・福祉などのテーマで優遇施策を実施することも考えられます。

また、法規制関係の改正は全般に非常に時間がかかることを考えれば、

図表2-4　日本の課題と日本の競争力強化の方向性

分類	項目	日本の課題や海外の対応	必要な方策
事業所立地	税制、規制全般	• Web 3はどこでも事業はできるが、規制や税制上日本は不利（スイスやシンガポール、ドバイが有利）	• 規制や税制全般の見直し
	人材、企業の集積	• 対面、ネットワーク化の重要性（スイスやシンガポールは重視）	• 企業立地に対する優遇 • 特区制度など活用
	法人課税	• 自社発行の保有トークンに対する時価評価課税の負担の重さ	• 発行法人保有のトークンは、期末時価評価対象から除外 • 実際に収益が発生した時点で課税するよう税制改正
人材	米国人材の必要性	• 本場米国で勝たないと採用されにくく、米国人材が必要	• 国内企業における海外人材の優遇
	若手有望人材の流出抑制、呼び戻し	• 起業環境、事業環境の点から海外に流出（流出人材、企業の呼び戻しにも可能性）	• 若手有望人材に関心が高い社会課題での事業優遇（地球環境問題など）
資金調達	資金調達手法（資金決済法との関係）	• ICOは資金決済法上難しい（渡辺氏はロックドロップを採用したが、企業に資金が残らず海外企業に対して不利）	• 資金決済法の見直し
意思決定	DAOでの意思決定	• DAOに適用される法令、法律上の位置付け、構成員・参加者の法的な権利義務の内容、課税関係などが不明確	• DAOの法的位置付けの明確化 • DAO特区創設 • 日本版LLPやLLCでDAOを位置付け • コミュニティーでの意思決定への活用

特区の活用や、試行的に事業を行う規制のサンドボックスのような手法で、まず試して改善していくアプローチも必要と考えられます。

Web3事業ではDAOが重要な役割を果たしますので、その法的位置付けを明確にし、さらにその活用が望まれる領域での優遇や特区制度での試行も望まれます。日本の強みであるアートやアニメなどでのNFT利用、コミュニティーでの意思決定のための地域課題解決での活用なども考えられます。

第3章

NFTのもたらす世界観

interview with Animoca Brands Yat Siu

text by 絢斗優

Animoca Brands社（アニモカブランズ、以下Animoca社）は、デジタルエンターテインメント、ブロックチェーン、ゲームなど、さまざまなコンテンツを提供する、香港に拠点を置き創業8年目、従業員約600人の企業です。NFTがまだ世間に広く認知される前から、ブロックチェーンゲーム関連の事業を複数手掛けてきました。2022年春現在、NFT関連に幅広く投資している巨大投資会社として、NFT業界で世界的に注目を集めています。

同社はスマートフォンやタブレット向けのゲーム開発からスタートしましたが、2017年ごろにブロックチェーンゲームに進出して以来、150社以上の企業に投資しています。投資先には、ブロックチェーン技術、およびそれに関連するメタバース・DeFi・暗号資産ウォレット企業やプロジェクトなどが含まれ、Web3のエコシステムを構築しています。

Animoca社の保有資産は約160億ドル（2021年11月下旬時点）とされています。Animoca社は日本のNFT関連会社に投資しており、日本における戦略的子会社「Animoca Brands株式会社」を立ち上げるなど、日本のWeb3業界との関わりも深いです。

2017年ごろ、Animoca社の創業者であるYat Siu（蕭逸）氏は、ベンチャースタジオであるFuel Poweredでオフィスを共有していたAxiom Zen（アクシオム・ゼン）社が取り組んでいたCryptoKittiesというブロックチェーンゲームに強く引かれました。CryptoKittiesは爆発的な人気を得て、それがきっかけでYat Siu氏はNFTの世界に入ることになります。そうした経緯をYat Siu氏に伺いました。

暗号資産の世界に入るまでの経歴

Yat Siu氏はオーストリアのウィーンで育ちましたので、民族的には中華系ですが、カルチャー的なバックグラウンドは欧州と言えるかもしれません。彼の両親は音楽家で、自身も音楽の勉強をしていました。

1980年代、Yat Siu氏はインターネット以前のCompuServeに触れ、音楽制作に役立つソフトウエアをホームコンピューターとMIDIを用いてつくっていました。そうした環境が彼をテクノロジーの世界に引き込んだのです。

現在でもオーストリアに住んでいるアジア人はそれほど多くありませんが、Yat Siu氏がCompuServeを利用していた子供の頃、ウィーンにアジア人はほとんどおらず、ドイツ語を流ちょうに話せてもマイノリティーという扱いでした。しかし、オンライン環境のCompuServeは違っていました。テキストだけを介してコミュニケーションをする場で、彼にとってはそこが「リアル」だったのです。彼がつくったソフトは高く評価され、アジア人であることや子供であることは問題にされませんでした。その時の体験（彼は「前メタバース時代の体験」と呼んでいる）が新たな仕事につながり、彼を新しい分野へと導くことになります。

1990年代前半、Yat Siu氏は香港で「香港オンライン（Hong Kong Online）」という最初のインターネットサービスプロバイダ（ISP）の1つを立ち上げます。ダイアルアップのISPで、オープンソースのソフトウエアをたくさん使うなど、最初期のインターネットやWeb1.0の精神に非常に近いものでした。その後、香港オンラインは買収され、Yat Siu氏は1998

年にOutplays社を立ち上げ、初期のクラウドコンピューティング分野で多くの仕事をすることになります。そこで、インターネット、ブロックチェーン技術、Webなどを経験し、その時の経験が現在に生きています。

Outplays社のクラウドコンピューティング事業を売却した後、モバイルゲーム開発に転じます。ビットコインが誕生した2008年ごろ、Yat Siu氏はスマートフォンを用いたモバイルゲームの開発会社を立ち上げ、2011年ごろには、最大のモバイルゲーム会社の一つになっていました。

その頃、Yat Siu氏らは1週間に1本のペースでアプリをリリースしていました。当時Apple社が提供するアプリストアではランキングを表示し、その算出方法は非常に原始的であったことから、さまざまなプロフィールのアカウントでクロスプロモーションを実施したところ、ランキングトップ20のうち12個をYat Siu氏らのアプリが占めたことがありました。だがある日のこと、Yat Siu氏らが開発したアプリは突然削除されたそうです。そのときのことを、彼は次のように話しています。

> 「Apple社のアプリストアから私たちのアプリがすべて削除されました。アプリの数は数百、私たちのゲームアプリを利用していたユーザーは数百万人いたと思います。160人の従業員は“どうなっているんだ！”という感じでした。それが、Apple社のプラットフォームを利用できなくなった自分の最初の経験でした」

> 「Web1.0は、管理者の許可なく、誰でもネットワークにアクセスできるパーミッションレスでオープンな環境でした。それに対してWeb2.0は、完全にコントロールされていて、すべてがテックジャイアント企業などの事業のしくみに奉仕するようなものです。自分たちは基本的に大規模

なテクノロジープラットフォームに依存していたのです」

こうした経験の後、Yat Siu氏らはカナダのバンクーバーに小さなスタジオを持ち、当時Axiom Zen社という別の小さな会社とオフィスを共有していました。Axiom Zen社は2017年、CryptoKittiesという小さなプロダクトをつくります。これはNFTの実験とされ、誰も現在のように成長するとは思ってはいませんでしたが、瞬く間に爆発的な人気を得ました。

その頃、Yat Siu氏はAnimoca社に参加してエンターテインメントに特化したブロックチェーンを独自に開発し、NFTゲームを提供するカナダの企業Dapper Labs社（Axiom Zen社からスピンアウトしたCryptoKittiesの開発元）のパブリッシャー兼株主となります。これが、Yat Siu氏がNFTの世界に入るきっかけです。

Animoca社の投資会社としての役割

Web3の特徴は多々ありますが、重要なのは自律分散とインセンティブの公平であり、中央集権型であるWeb2.0に対して、水平的なコラボレーションが行いやすく、またネットワーク効果も出やすいことです。Web2.0でもメタバースは構築できますが、ユーザー自身がコンテンツをつくれることに重点を置いている一部のメタバース以外では、企業が運営し、コンテンツも、オフィシャルワールドなどは企業の従業員が開発するのが一般的と考えられます。これに対して、Web3をベースとしたメタバースはオープンで、コンテンツはコミュニティーで制作したものが中心で、ユーザーが自作してアップロードすることも可能です。運営はDAOが主導し、プレイヤーや投資家を含む全トークンホルダーが関わることもあります。

オープンなメタバースや、NFTを利用するゲームを立ち上げる際、資金的な支援を行う投資会社の役割は重要です。Animoca社は投資会社としての役割も大きいですが、この点についてYat Siu氏は以下のような見解を示しています。

「Web3という新しい構造では、ネットワーク効果も共有されます。すべてを自分たちで構築することはできません。そこで、オープンなメタバースを構築するために、ネットワーク効果を生み出すのに役立つ企業にできるだけ多く投資することしたのです。例えば、メタバース空間で遊べるNFTゲーム『The Sandbox（サンドボックス）』にさらなる価値を与えるにはどのようにしたらよいかと考えました。NFTfiは高価なNFTを分割して貸し出すことで融資や資産運用サービスを提供します。彼らが提供するどんなサービスも、自分たちが提供する必要はありません。誰かがサービスを追加することで、自分たちが構築する製品や資産に付加価値を与えてくれます。そのため、自分たちがそういった構造を構築するために、非常に大きな投資をすることは理にかなっています」

「2018年と2019年に自分たちが投資した企業の多くは、当時はとても小さな会社でした。例えば、Dapper Labs社、ブランドやクリエイターのためにNFTのカスタムストアを作るBitski社、ブロックチェーンプロジェクトWAX、ブロックチェーンゲームのAxie Infinityを開発するベトナムのスタートアップ企業Sky Mavis社などです。今でこそかなりの大手と言われるこれらの企業の多くは、当時は全くと言っていいほど大きい企業ではなく、皆オープンスペースを構築し、NFTやゲームを大々的に構築しようとしていました。それがすべての始まりです」

「現在、投資先は150社を超え、さらに増え続けています。暗号資産の投資家を除いて、NFTの投資家としては、おそらく世界で最大級の投資家だと思います。自分たちが投資するものはすべて、エコシステムの強化にどう貢献するかというテーマに基づいています。NFTのネットワーク効果をどう高めるかが重要なので、ブロックチェーンを活用してオープンな開発をしていることを重視しています」

Web3による投資先のネットワーク効果、Web 2との相違

Animoca社の投資先は多いですが、Web3的なネットワークやNFT活用のプラットフォーム構築、ゲームなど、相乗効果のある領域に限定して投資しています。とはいえ、投資先同士で競合したり、領域が重複したり、逆に投資すべき領域に空白が生じるという懸念もあるでしょう。この点に関して、Yat Siu氏は以下のような見方を示しています。

「投資会社としては、ゼロサムの結果が得られるような環境で構築する場合のみ、競合になります。しかし、ブロックチェーンの特性から、チェーン上に構築すればネットワーク効果があり、ゼロサムの結果にはならず、むしろ成果が共有されます」

「例えば独占企業のようだといわれるNFTマーケットプレイスがありますが、そのNFTマーケットプレイスのユーザーに対してトークンを配布するヴァンパイア・アタックを仕掛けたLooksRareのように、より良いサービスやインセンティブを提供すれば、実はNFTマーケットプレイスの顧客をいとも簡単に奪うことができるのです。自分たちはまだ初

期段階にいますが、そういったことが、今日既に起こっているのです。このような環境では、消費者にとっては潜在的な競争が増えるので選択肢が増え、NFTマーケットプレイスはネットワーク効果をコントロールできないので透明性を保ち、できる限り柔軟であることを余儀なくされるということです」

「まるで、米国大手IT企業や楽天がインフラをオープンにして、誰にでも競合他社がつくれるようなものです。LooksRareが成長して利益を得た時に何が起こったかというと、実はNFTマーケットプレイスの取引トラフィックが増えているのです。『NFTマーケットプレイスの購買履歴が多ければ、ヴァンパイア・アタックを仕掛ける第二、第三のLooksRareが自分に新しいトークンをエアドロップしてくれる確率が高い。ならば、NFTマーケットプレイスを使い続けるのが一番得である』と、多くの人が認識するようになったのです。これが共有ネットワーク効果のポイントです。つまり、似たような業種のプラットフォームを複数の主体が構築すると、実は誰もが恩恵を受けることができるのです。一部の人は他の人よりも恩恵を受けますが、エコシステム全体が活性化されることで、結果として誰もが恩恵を受けられるのです」

「将来的には、ある企業が『ああ、あなたは私によく似た製品を作っている、見た目もよく似ている、インターフェースも似ている』と感じるケースも出てくると思います。正直なところ、これを止めるのは難しいですが、勝者総取りのシナリオしかなかったWeb2.0のときほど大きな問題ではないと考えています。Web2.0とWeb3の相違は非常に大きいと言えます」

日本に設立されたAnimoca Brands株式会社のホームページでは、

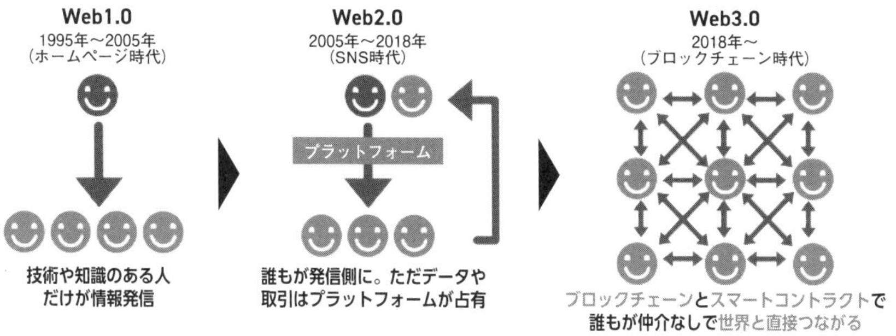

図表3-1　Animoca Brands株式会社によるWeb3.0の概念
出所：Animoca Brands株式会社、「What's WEB3.0?,」、
https://www.animocabrands.co.jp/#company.（2022年5月25日閲覧）

Web3を次世代のブロックチェーン技術がもたらす「分散型インターネット」として紹介しています（**図表3-1**）。Animoca社の投資先で行われている事業はWeb3の先鞭をつけており、テックジャイアントのような中央集権的なWeb2.0のプラットフォームで巨大な利益を上げている企業の事業とは異なる特性を示しつつあるといえます。これは、NFTの活用、ゲーム的なビジネスといった点を超えて注目されるべき部分と考えます。

メタバース、NFTとWeb3、日本における機会

Web3においてメタバースは非常に重要な役割を果たすと考えられます。ただし、メタバースの解釈は多様で、アバターコミュニケーションシステムのように見る人もいれば、自律分散型のネットワークそのものと見る人、新たな産業やエコシステムの構築につながると見る人もいます。メタバース自体は、Web2.0の世界でも構築できる部分がありますが、Web3で想定されるメタバースの特徴は何でしょうか、またメタバー

スにおけるNFTの役割は何でしょうか。

「自分たちにとってのメタバースとは、事実上所有権のあるインターネットであると考えています。つまり、真のメタバースとは、自分たちがメタバースに利害関係を持ち、所有権を持つことができるものです」

「NFTはメタバース上の所有権です。物理世界と同じような所有権のシステムがなければ、メタバース上で実際に財産を持つことはできません。例えば、物理世界に所有権がなければ東京に家を持つことはできないですし、車を所有することもできません。メタバース上に個人の財産という概念を持ち込むのがNFTです」

「自分たちの考えでは、AR（拡張現実）やVR（仮想現実）はメタバースを体験するための方法ですが、それはメタバースそのものではありません。メタバースは、自分たちのデジタルな存在、自分たち自身のデータを通じて構築された空間、コミュニティー、ほとんど国家のようなもので、自分たち自身のデータ、情報から、自分たち自身の創造を通じて生まれたものです。自分たちが所有しているからこそ、利害関係を持つ必要があります」

Web3メタバースの利用は、まずはブロックチェーンを利用したゲームで進むと考えられますが、ブロックチェーンを利用するゲームはどの程度メタバース化していくのでしょうか。ゲームは日本企業が強い領域といえますが、投資先として考えた場合、どうなのでしょうか。また、NFTを含めたWeb3の領域で、日本企業や日本のマーケットはどのような役割を果たし得るのでしょうか。それらの点についてYat Siu氏は以下のように語っています。

「ほとんどのブロックチェーンゲームはメタバース的なものになり、NFTの役割も高まります」

「自分たちは、既にブロックチェーンゲームに関わる多くの日本企業に投資しています。また、キャラクタービジネスを手掛ける有名会社をはじめ、さまざまな会社とライセンス契約を結んでいます。日本市場を重視しており、既にAnimoca Brands株式会社を設立し、The Sandboxの日本オフィスも開設しています」

「NFTとは本当は何か？　NFTは財産や資産を表し、表裏一体でIPを表しています。クリエイティブなソリューション、アイデア、これまで単なるコンテンツだったものが、NFTによって資産となり、コンテンツがプラットフォームとなります」

「そう考えると、日本は世界でも有数のコンテンツメーカーであり、映画、アニメ、漫画、ゲームなど、日本が輸出するあらゆる文化が資産になります。これは非常に強力なことです。以前は、アニメや漫画を資産として見ることはありませんでした。アニメや漫画は消費されるコンテンツでしたが、今では、すべてのコンテンツが資産になっています。日本がそうであるように、強いクリエイティブ層を持つ国はすべて、多くの経済的繁栄と成長のための大きなチャンスがあると考えています」

Animoca Brands株式会社は、2022年2月に日本に設立され、ブロックチェーン技術を活用したプラットフォームを構築・提供し、知財・IPホルダーがWeb3における自らのエコシステムを持ち、その中でNFTやトークンを発行できる仕組みを提供しています。それによって、グローバルなファンと直接つながり、コミュニティーを構築し、成熟化させていくことを支援することを目的としています。日本のIPやデジタルコンテンツホルダーのWeb3世界戦略を支援します。その対象になるのは、大手出版社、ブランド、教育、スポーツ競技団体、アスリート、アーティスト、ゲーム会社などです。また、「ダンスが世界を変える」を設立目的とするアノマリー社などと、ダンス領域におけるWeb3・NFTの合弁会社Underpark社を設立しました。ダンサーや表現者は、ファンコミュニティーがデジタルNFT資産を持つことで、これまでにない取引とさまざまなユーティリティーを持つ活用が可能になるとしています。

2022年3月には、大手銀行との協業を発表しています。同行はAnimoca社が有する知的財産・デジタルコンテンツの権利化、NFTの市場運営に関するノウハウを生かしたNFT市場の発展支援、NFT発行・出品の支援などを通じ、Web3時代に即した安心・安全なNFT環境の整備に貢献するとしています。さらに、Animoca社は、日本初のPlay-to-Earn（ゲームをプレイしながらお金を稼ぐ仕組みのこと）ゲームギルドとして設立されたApricot Planet社にシードラウンドの資金を提供しています。他にもAnimoca社のパートナーには、日本の出版社、銀行、輸送系企業、キャラクターグッズ企業などが含まれます。

10年後の将来像

Animoca社として、またYat Siu氏自身として、10年後の将来像を語ってもらいました。

「会社としては、10年後も続けていると思います。なぜなら、メタバースとは、全く新しいデジタル社会や国を構築することだと考えているからです。テクノロジーがどんなに速く動いても、10年で実現できるものではありません。コミュニティーの構築には長い時間がかかりますし、自分たちがそれをコントロールすることはできませんが、その中で声を上げていかなければなりません。テクノロジー企業、あるいは自分たちのような企業には、責任があると思います」

「そして、従来のテクノロジー企業が間違っていたことだと思うのですが、利益を追求するあまり、間違った方向に進んではいけないと考えています。テックジャイアントと呼ばれる企業の一部は、自分たちがどれだけの利益を得るかだけを考えていたのではないでしょうか。彼らは、自分たちの行動の成功によってではなく、富の成功によって判断されると考えていたと思われます。そのように運営されている国を想像すると、それはかなり恐ろしいことです。なぜなら、彼らのインセンティブは、公平で幸せな社会をつくり、運営することではないからです。自分たちは、どれだけ利益を上げるかだけの国を見てきました。その結果が、汚職、高い税金、そういった問題ばかりです」

「テクノロジー企業は、現在はもちろん、将来にも間違いなく責任を負っています。もしあなたが大企業に勤めているなら、あなたの責任は、単にお金をどれだけ稼ぐかだけではありません。このことは、10年たっても変わらないと思います」

「やり方は変わり、プラットフォームも、世論も変わるかもしれません。メタバースに参加する人が増えれば、メタバースのサポートの仕方も変わるかもしれません。10年後には、DAOとガバナンスが主なテーマになっているかもしれません。どのように構造を管理するか？　どうすれば公平になるのか？　どうすればより透明性を高めることができるのか？　どうすればより良い教育ができるのか？　多分、そういうことが重要になっているでしょう」

「システムは違っても役割は同じです。メタバースを公正かつ公平に形成し、長期的に持続可能な場所にすることが重要です」

「ほとんどの国は王国のように滅び、ほとんどの企業も同様に滅びますが、それは最終的にコミュニティーのためではなく、自分たちのためだったからです。企業は株主という小さな集団のために奉仕しますが、顧客のために奉仕しているわけではありません。結局、顧客は搾取されるためにしか存在しません。金もうけのためだけに存在し、顧客のためにはならない。このような関係は間違っていると思います」

「今後、企業が発展していく中で、お客さまにどれだけ価値を与えるかという関係をつくっていく部分が重要だと思います。それが最高のビジネスだと思いますが、まだまだ先の話です。Web3はメタバースやブロックチェーンによって、このような可能性をスケールアップすることができると思いますが、現実のものとなるのはまだまだ先の話です」

Animoca社自体、もしくはその一部がDAOになる可能性について、Yat Siu氏は以下のように語っています。

「Animoca社は株式を公開しており、株主は2500人以上います。自分はAnimoca社の株式の過半数を所有していないので、何かを決定したい場合、すべての株主の投票を求めなければなりません。大きな決断をするときは、まずそれが第一です」

「つまり、自分たちはミニDAOのようなものです。また、自分が株を過半数持っていないために、自身が仕事を失う可能性があります。自分のやっていることが気に入らないとか、やり方が悪いとか、そういう状況もあり得るわけで、基本的には、株主が自分の言うことを聞かなければならないのと同じくらい、自分も株主の言うことを聞かなければなりません」

「自分たちが好きなのは対話です。Animoca社は既に公開企業で、準DAOになっており、将来的にDAOになるのにかなり適していると思います」

Yat Siu氏の見解は、形式的なDAOの形態というよりも、DAOの精神や本質、DAOに関わる人材の関与やインセンティブの在り方に主眼を置いていると言えます。

日本の読者に向けてのコメント

本章の最後に、メタバースやNFTの果たす役割、および日本の強みや特徴を踏まえて、日本の読者に向けてコメントをもらいました。

「NFTは、最も強力な文化の貯蔵庫の一つです。なぜなら、NFTは永久的であり、自身の歴史や遺産を保存することができるからです」

「強固で長い歴史と文化を持ち、その歴史に誇りを持てる社会は、実は世界にほとんどありませんが、日本はそのような国の一つであることは間違いありません。日本に旅行に行く海外の人は、日本の建築物や風景を見るだけでなく、日本の文化、伝統、食、コンテンツに興味があります。

そのすべてが日本独自の伝統であり、実はとても日本的なものです」

「メタバースは、日本に文化の輸出という素晴らしい機会を提供します。必ずしもその国に行かなくても、日本の文化を広く楽しんでもらうことができるのです。それは、新たに大きくクリエイティブな層を生み出します。日本では、クリエイティブな層が台頭してきていますが、公平な報酬を得られていません。これは、他の国でも同じですが、日本ではかなり問題だと思います。しかし、メタバースやNFTが定着すればそれは変わり、クリエイターにとってエキサイティングな時代になると思います。あなた自身がパブリッシャーであり、プラットフォームになることも可能です」

日本の文化への関心、それに対してNFTやメタバースを活用することによる輸出、サービスの可能性などを指摘しています。一方で、クリエイティブ層の創出、台頭の可能性とともに、日本での報酬やインセンティブの在り方の課題も指摘しています。最後に、読者自身がクリエイターになれる示唆、働きかけを行っていることは注目されるでしょう。

第 4 章

ゲームギルドの Web3エコシステム

interview with Yield Guild Games Gabby Dizon

text by 絢斗優

Yield Guild Games（YGG）は、世界最大のPlay-to-Earnゲームギルドです。人気のブロックチェーンゲームでNFTを取得し、コミュニティープレイヤーに貸し出し、ゲーム内で獲得した報酬を共有します。YGGは、Play-to-Earn業界のパイオニアです（**図表4-1**）。

YGGは、2020年11月の開始以来、急速に成長しました。YGGDiscordは、2020年11月の480人のメンバーから2021年末までに10万人近くに増えました。現在、ギルドは28カ国以上で3万人程度のプレイヤーに「スカラーシッププログラム」（NFTレンタルプログラム）を提供しています。

日本を代表するYGGのサブDAOであるYGG Japanは、多くの日本の暗号資産およびブロックチェーン関連企業やエンジェル投資家と出資を含む提携をしています。その中には、アカツキ社、double jump.tokyo社、Crypto Games社、Kiii社、Days社などの他、エンジェル投資家として國光宏尚氏、森和孝氏、三宅裕之氏が含まれており、その有望性がうかがえます。

図表4-1　YGGでプレイされるゲームの例
出所：https://medium.com/yield-guild-games/yield-guild-games-community-update-q1-2022-2afe6f2f549b

YGGは、ブロックチェーンベースのゲームで使用されるNFTを取得するDAOです。組織の使命は、コミュニティーが所有する資産を最大限に活用するために最適化し、コミュニティーと報酬を共有することです。そのビジョンは、NFTとDeFiを組み合わせて、メタバースでの人々の体験に価値を付加することです。

YGGは、新規プレイヤーが前払い費用なしでブロックチェーンゲームを開始できるように、スカラーシッププログラムを提供しています。このプログラムは、NFTの購入コストが非常に高いためにプレイできない人々の参加をサポートします。

YGGネットワークでは 、2022年3月の時点で2万9000を超えるスカラーシップが提供されています（次ページの**図表4-2**）。Axie Infinityスカラーシッププログラムでは、ゲーム内の報酬の70％が奨学生に、20％がトレーニングとスキルアップを担当する奨学金マネジャーに、10％が新しいNFTの維持と生産を担当するYGGに分配されます。2022年第1四半期の時点で 、合計1020万米ドルがAxie Infinityのスカラーに分配されました。当初、スカラーシッププログラムは、2018年にリリースされたベトナムのNFTゲームであるAxie Infinityのみを対象としていましたが、2022年2月から、ギルドはゲームCyBallへのアクセスも提供し始めており、今後さらに多くのゲームに奨学金を導入する予定です。

YGGに関連する市場のトピックを挙げると以下の４つとなり、複数の市場（NFT、DeFi、暗号ウォレット、ゲームなど）の交差点にいると認識されています（基本的に2021年3月末の数値）*。

＊Yield Guild Games, “Introducing the YGG DAO and SubDAO.” https://medium.com/yield-guild-games/introducing-the-ygg-dao-and-subdaos-c0bf7a9ac69d（2022年4月11日閲覧）

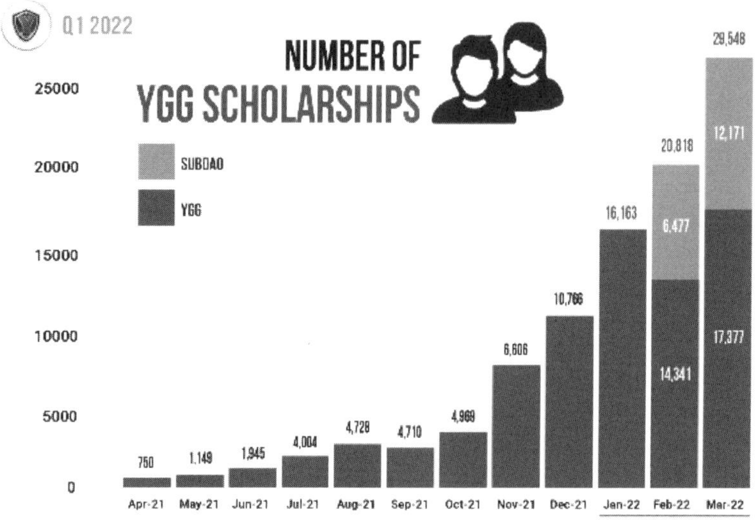

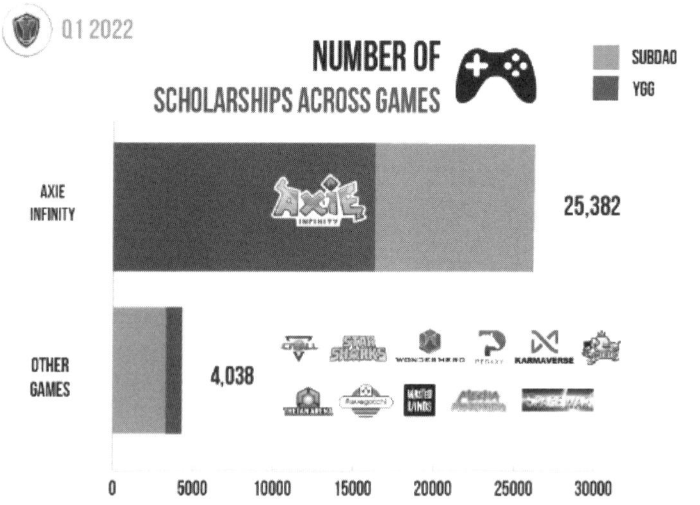

図表4-2　YGGのスカラーシップ制度の対象者数の推移（上）と
YGGネットワークのゲーム全体のスカラーシップ対象者数（下）
出所：Yield Guild Games, 2022., “YGG Q1 2022 Community Update.”
https://storage.googleapis.com/external_communication/YGG-2022Q1-CommunityUpdate.pdf.（2022年5月31日閲覧）

- NFTの売り上げは2021年の第1四半期に20億ドルを超えた
- DeFiトークンは、ロックされた合計値で1130億ドルに達した
- 8100万の暗号ウォレットホルダーがある
- 世界のゲーム市場は2022年の第1四半期に212億米ドルに達した

YGGのエコシステムとDAOの役割

アジアに拠点を置くYGGは、多くのプロジェクトや組織と提携して独自のビジネスを展開してきました。 YGGのビジネスモデルの概要は、公開されている資料に記載されています。

主に機能するのは、イーサリアム上に構築されたスマートコントラクトに基づくYGG DAOです。スマートコントラクトは、報酬の発行を含むギルド機能を自動化し、最終的にはNFTレンタルなどの高度な機能を自動化するために使用されます。

DAOの資産（トークンとNFT）は、現在YGGのゲーム運用チームによって管理されています。資産はマルチシグと呼ばれるセキュリティー対策の対象であり、3人の共同創設者のうち2人が取引を承認した場合にのみ移動できます。将来的には、そのような取引はDAO参加者によって提案され、行動方針は投票によって決定されます。 DAOを起動するために、YGGという名前のガバナンストークンが発行されました。

YGG DAOメンバーが投票するガバナンスオブジェクトには、テクノロジーの実装、製品とプロジェクト、トークンの配布、およびガバナンス構造が含まれます。 YGG DAOトークンの所有者は、タイプごとに、

創設者、アドバイザー、トレジャリー（財務）、投資家、コミュニティーの5つにグループ化できます。

これらの各グループはYGGエコシステムで重要な役割を果たしますが、コミュニティーは常にYGG DAOの主な焦点となります。すべてのYGGトークンの合計45%が、さまざまな方法でコミュニティーメンバーに配布されるように指定されています。2026年末時点で10億のガバナンストークンが発行され、その時点で45%をコミュニティーメンバーが保有する想定になっています。

ギルドメンバーがYGGトークンを獲得する機会には、エアドロップ、ゲーム勝者へのボーナス報酬、レベルアップと積極的なコミュニティー参加への報酬が含まれますが、とりわけDAO管理への貢献が重視されます。

YGG DAOの成功は、最終的には効果的な報酬システムを提供する能力にかかっています。このシステムは、DAOがテクノロジーや市場のトレンドの変化に適応できるようにしながら、DAOに利益をもたらす方法でメンバーの能力を使用するようにメンバーを動機付ける必要もあります。

YGGサブDAOの存在も独特で、特定のゲームと地域に焦点を合わせるようにカスタマイズされています（**図表4-3**）。例えば、特定の地理的地域、つまりYGG Japan、YGG SEA（YGG東南アジア）、IndiGG（YGGインド）、Ola GG（ヒスパニックコミュニティーに焦点）、BAYZ（ブラジルに焦点）などプレイヤーに対応する地域にサブDAOがあります。他のサブDAOは、ゲームSplinterlands（YGGSPL）やLeague of Kingdoms（YGG LOK）のプレイヤー専用のものなど、ゲームに焦点を当てています。サブDAOは分散型で自己管理型ですが、メインのYGG DAOからサポー

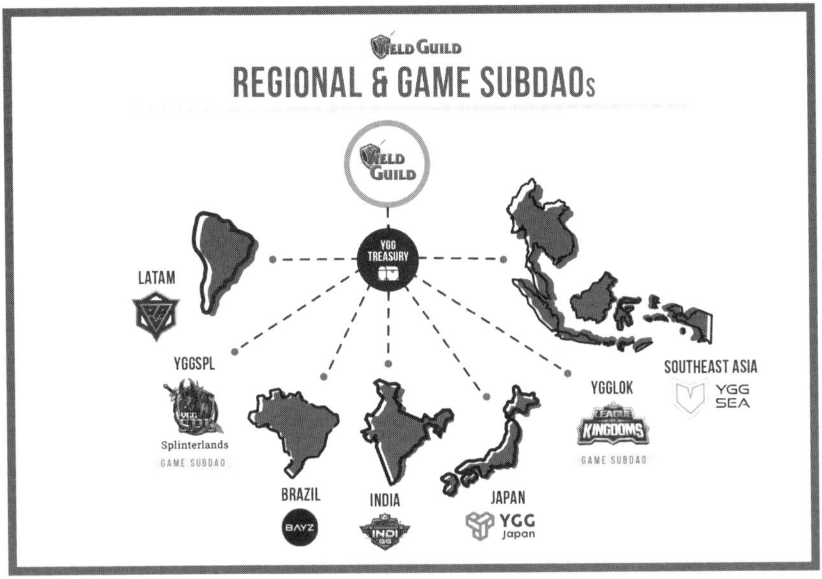

図表4-3　YGGのサブDAOの概要
出所：Yield Guild Games

トとアドバイザリーを受け取ります。また、サブDAOの必要に応じて、トレジャリー（財務）の資産を共有する場合もあります。

Axie Infinityは、フィリピンで特に人気のあるPlay-to-Earnゲームであり、YGGのDiscordは、スカラーシッププログラムが、特に発展途上国の若者からの応募であふれていることを示しています。彼らはゲームをプレイした後、Play-to-Earnエコシステムがどのように機能するかを理解することに熱心で、応募する最も一般的な理由は「家族をサポートする」と「年配の両親の支援」です。

インタビュー対象者の経歴とYGGの設立

インタビューに答えてくれたYGGの共同設立者Gabby Dizon氏は、ゲーム開発者であり、DAO化なども進めています。同氏に、クリプトを始める前の話と、NFTやGameFiに興味を持った理由を伺いました。

「私は2003年からゲーム開発に携わっています。私は、フィリピンからゲームを公開した最初のチームの一員でした。2014年に、私はAltitude Gamesというモバイルゲームスタジオを立ち上げ、スマートフォン向けのモバイルゲームを作成しました。2017年には、ブロックチェーンとイーサリアム、そしてスマートコントラクトとプログラム可能なお金の概念について話を聞き、興味をそそられました。そして、ブロックチェーンテクノロジーとスマートコントラクトがゲーム業界を破壊的に革新させる可能性があることに気付きました」

「CryptoKittiesが2017年に登場し、NFTを普及させ、私はすぐに熱中しました。 私は2018年10月にAxie Infinityのプレイを開始し、過去4年間で、ゲームアセット、アート、収集品など、何千ものNFTを収集してきました」

Gabby Dizon氏は既に2003年からゲーム開発に携わり、2014年には自身でモバイルゲームスタジオを立ち上げています。2018年には自身でもゲームをプレイし、ブロックチェーンによるスマートコントラクトの実施やNFTの収集も行い、それらを活用したゲーム業界の可能性を既に理解していたのでしょう。2019年、日本のゲームコンファレンス（Tokyo Blockchain Game Conference）を見学するためにはるばる来日するなど、

NFT業界初期から積極的に関わっていました。

その後、実際にYGGを始めると決めた時期、その時のビジョンやYGGの変化などについて伺いました。

「2020年末にYGGを始めることを決めました。Axie Infinityをプレイしていたころ、COVID-19（新型コロナウイルス感染症）の影響を受けてロックダウンが始まり、母国であるフィリピンでは多くの人が貧困に陥っていたのです。そのとき、このゲームを利用できることに気付きました」

「ロックダウン下で家に閉じこもっていても収入を得られる方法として、Axie Infinityを利用することを考え、それがAxie Infinityの驚異的な成長につながっています。同時に、余ったAxieを他の人に貸す、今でいうスカラーシップ制度や貸出制度を開始し、ベンチャーキャピタルから資金を調達すれば、スカラーシップ制度を使って多くの人にサービスを提供でき、Web3に参加する人が増えるだろうと思い、開始しました」

DAOの方向性、コミュニティーとの関係

DAOの現在のステージがどのような段階にあり、今後どう変化するのでしょうか。

「私たちはプレイヤーとの1つのDAOとしてスタートし、Axie Infinityやその他のさまざまなゲームを独自のアセットを使用してプレイするサブギルドコミュニティーを開始しました。現在私たちが変えている最大

の方向性は、プレイヤーコミュニティーをローカライズできるように、さまざまなサブDAOを形成することです。現在、5つの地域サブDAOがあります。フィリピン以外の東南アジア地域のYGG SEA、インドのIndiGG、YGG Japan、ブラジルのBAYZ、ヒスパニックコミュニティーのOla GGです。また、アフリカなどでギルドを紹介する予定です」

「これらのコミュニティーは、将来よりローカルになり、人々は自分たちのような他の人々と一緒に働きたいと思うでしょう。私たちは、自分に合った地域コミュニティーを見つけ、人々が参加できるようにさまざまなサブDAOをつくっています。人々は自分たちにとって快適な小さなコミュニティーに所属したいと思っているからです」

コミュニティーとの関係や他のギルドとの相違については、以下のように発言しています。

「他のギルドやDAOが行っていることにあまり注意を払わず、常に目標に向かって革新を続けています。私たちはコミュニティーを構築し、ユーザーに徹底的にサービスを提供しています。現在、私たちのコミュニティーはほとんどがDiscordベースです。SNS上でも多くの議論がありますが、将来的には他のプラットフォームに移行すると思います」

10年後の将来像

10年後のGabby Dizon氏自身とYGGの将来像について尋ねました。

「10年後も私はYGGに積極的に貢献していると思います。役割は変わっているかもしれませんが、世界中の活発なコミュニティーを結集したいと思います。これは長期的な目標で、自分たちが今やっていることは、Web3が世界に与えるインパクトのほんの始まりにすぎないと思っています。したがって、自分は10年後もYGGの一員でありたいと思っています」

「一部はDAOになると思いますし、一部は企業と提携するかもしれません。しかし、結局のところ重要なのは、その構造がどうであれ、コミュニティーに力を与えることだと思います」

Web3は、Web2.0から大きな変革を進めるゲームチェンジャーで、開発者や投資家だけでなくすべてのコミュニティーにチャンスを与える、といった見方をしていますが、Gabby Dizon氏がWeb3の真のインパクトについてどう考えているかを伺いました。

「Web3の最大の鍵は、インターネット上で誰もが自分の活動や資産を所有できることだと思います。Web2.0では、ユーザーが生み出した資産や価値を所有していたのは、プラットフォーマーだけだったのです。Web3では、自分の創作物から収益化できるだけでなく、ネットワークへの貢献からも収益化できます。つまり、所有権を持つためにお金を払う必要はなく、誰かがYGGの一員としてゲームをしたり、モデレーターになったり、eスポーツプレイヤーになったり、ネットワークの所有権も持ったりすることができます」

メタバースはVRヘッドセットだと言っている人もいれば、GameFiで利用されると言う人もいます。メタバースへの関心と、これらのさまざまな視点の発展の方向性について尋ねました。

「『メタバース』に関しては、話し合うことがたくさんあります。私にとって、誰かが「メタバース」と言うとき、それは人々が住んでいるインターネットであり、そこで一緒に遊んだり、一緒に働いたり、その一部を所有したりできると思います。これは、VRや3D仮想世界のようなものを意味するものではありません。SNS上でもNFTのコンテキストではメタバースの一部であり、人々が集うDiscordもメタバースの一部だと思います。その意味するところは、自分にとっては一般的な見方と非常に異なっています」

なお、YGGは技術ロードマップを作成していますが、YGG DAOでの投票などにより、このロードマップは変更されるとしています。現在はほぼPhase2で、Phase3ではユーザーがNFT資産を賃貸する機能やDAOの拡張などがなされるようです。

他組織との提携、NFTを含む投資について

2020年11月の立ち上げ以来、YGGはNFTをカバーする62のプロジェクトと提携しています。ゲーム、ゲームギルド、およびYGGプレイヤーコミュニティーが含まれ、今後数年間サポートする重要なPlay-to-Earnインフラストラクチャーなどに、合計1144万米ドルを投じています。2022年の第1四半期には、YGGは合計265万5000米ドルを投資、13の新しいパートナーシップを構築しました。その価値の63%はゲームをプレイするためのパートナーシップに費やされ、23%はYGGのゲームギルドのパートナーシップに費やされました。残りの14%は、より幅広いPlay-to-Earnエコシステムをサポートするプラットフォームとインフラストラクチャーを対象としました。これらのパートナーシップは、より包括的な

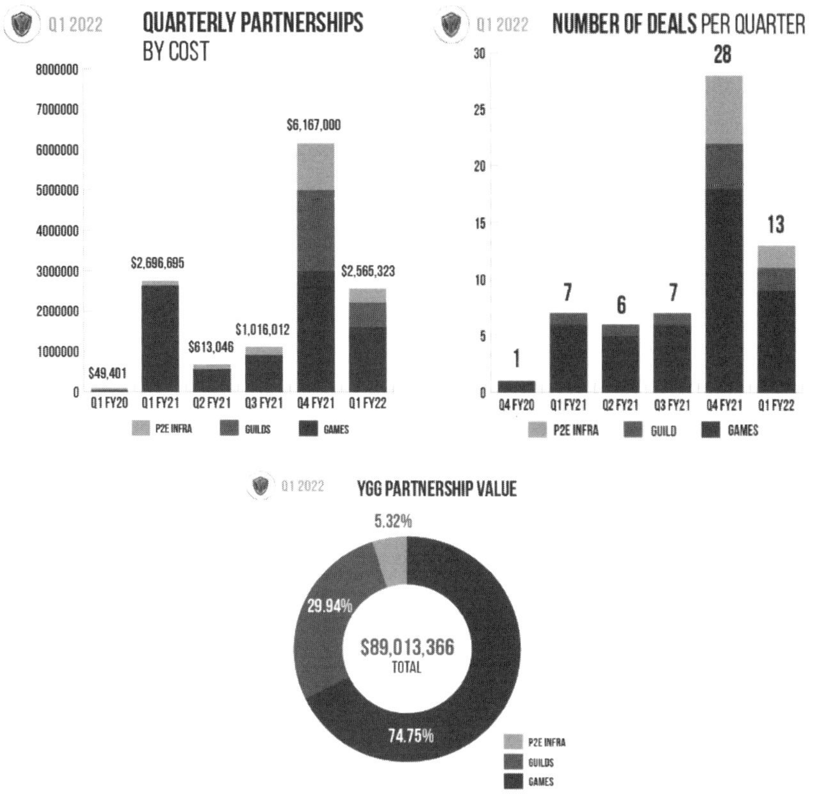

図表4-4　パートナーシップの状況（2022年第1四半期まで）

出所：Yield Guild Games, 2022., "YGG Q1 2022 Community Update."
https://storage.googleapis.com/external_communication/YGG-2022Q1-CommunityUpdate.pdf.（2022年5月31日閲覧）

体験と改善されたサービス、およびPlay-to-Earnゲームへの参加を求める人々をサポートし、世界中にリーチを拡大するYGGの継続的な使命を反映しています（**図表4-4**）。

投資またはパートナーシップのためにプロジェクトがどのように選択されるか、デューデリジェンスがどのように実施されるか、および組織にそのようなデューデリジェンスを実施するための人員と構造があるかどうかについて質問しました。

> 「YGGには現在、ゲームに関与する40を超えるゲームエコノミー、ゲームに関わるパートナーがいます。私たちはゲーム開発者と多くの仕事をするチームを持っており、各ゲームの経済状況、それが持続可能かどうか、彼らがPlay-to-Earnについてどのように考えているか、プレイヤーにどのように報酬を与えるか、スカラーシップやランドの特徴がどうかを調べます。そのため、ゲームエコノミー自体について非常に厳格なデューデリジェンスを行い、チームの審査を通過した場合は、そのゲームのアセットを購入します」

> 「NFTに関する私たちの主な目標は、プレイヤーにNFTを提供することであり、NFTを購入することは、私たちの専門です。私たちのチームには、ゲームとトークンエコノミクスをレビューし、提携するNFTとゲームを決定する専任の部門があります。財務担当者、ゲーム担当者、NFT担当者などがいます」

日本での事業展開と日本のIPの可能性

DAOタイプのブロックチェーンゲームのコミュニティープロバイダーであるForNと共に、YGG Japanが設立され、現在日本で運営されています。それ以前は、YGGはDelphi Digital、BITKRAFT、a16z、Infinity Ventures Crypto (IVC)、その他のベンチャーキャピタルから資金を調達することに成功しました。YGGはまた、2021年のパブリックトークンセールにおいて、わずか31秒で約15億円（1250万米ドル）を調達しました。合計で、YGGは2242.5万米ドルを調達しています。

IVCや他の多くの国内暗号資産およびブロックチェーン関連企業や個人投資家が投資しているサブDAOであるYGG Japanについて質問しました。

「YGG JapanでIVCと提携した最初の理由は、他の国とは大きく異なる日本のプレイヤーのギルドを作りたかったからです。例えば、日本ではDiscordをあまり使用していないため、日本でのプレゼンスをローカライズしたいと考えました。第二に、日本のIPをNFTとWeb3に橋渡ししたいのですが、YGG Japanは、ブロックチェーンの世界に導入できる日本のIPとの提携も検討しています」

Oasys*はブロックチェーンゲーム専用のチェーンとして立ち上げられ、YGGはバンダイナムコ社、Thirdverse社、double jump.tokyo社、セガ社などの日本企業と一緒に参加しています。GamaFiのプレイヤーのコミュニティーは、従来のゲームプレイヤーとは少し違うと言う人もいますが、GameFiは非常に質の高いプロジェクトを引き付けます。

＊Oasys, “Blockchain for the Games.” https://www.oasys.games/（2022年4月12日閲覧）

IPとWeb3の橋渡しにおけるOasysとの関係、およびGameFiに関する見解について尋ねました。

「Oasysプロジェクトは IPとWeb3のギャップを埋めるコンソーシアム型プロジェクトです。このプロジェクトのベースとなっているdouble jump.tokyoは、日本で最も成功しているチームの1つです。YGGも彼らとパートナーシップを結び、Oasysに登場するゲームにプレイヤーを呼び込みたいと考えています」

「最終的には、これらのプレイヤーセグメントが統合され、Play-to-EarnおよびGameFiゲームのイノベーションは、最初はトークン主導の経済とコミュニティーから生まれると思います。高品質のゲームが開発されるにつれて、グラフィックの違いは最終的になくなります。ブロックチェーンベースゲームは時間の経過とともに良くなるだけであり、将来的には通常のゲームと見分けがつかなくなるでしょう」

日本にはたくさんの良いIP、ゲームやアニメがありますが、海外企業との提携はまだあまり多くありません。そこで、YGGが日本のWeb3やIP業界にどのように参加するのか、誰もが興味を持っています。その点に対する考え、また、日本のIPやゲーム、Web3の可能性をどのように考えているかについて尋ねました。

「日本のIPがWeb3に参入する可能性は非常に高いと思います。既に日本のIP、つまりアニメに触発されたNFTは人気を集めており、NFTを所有している人の多くは、実は日本のゲームやアニメ、マンガにとても影響を受けています。Web3で、このようなIPをNFTやゲームに変換するのを支援したいと考えています」

「Web3はインターネットの始まり以来最大の革命であるとを日本のすべての人に伝え、Web3とデジタル資産の所有権を持つことの意味を理解してもらいたいと考えています」

YGGの方向性は、間違いなくゲーム、NFT、およびブロックチェーン業界全体を発展させるでしょう。

第

5

章

DAOが企業組織のゴールをアップデートする

interview with Polygon Kathleen Chu（元Maker Foundation）

text by 絢斗優

MakerDAOはイーサリアムブロックチェーン上のオープンソースプロジェクトで、DAOとして2014年に設立されました。このプロジェクトは、ガバナンストークンであるMKRを保有する世界中の人々によって管理されています。つまり、ネットワーク運用や開発についての方針がMKR保有者の投票で決定されているということです*。

＊MakerDAO、「Makerプロトコル：MakerDAOの複数担保型Dai（MCD）システム」、https://makerdao.com/ja/whitepaper （2022年4月4日閲覧）

MakerDAOの発展を促す役割を担う組織が「Maker Foundation」（以下、「財団」と表現することもある）でした。MakerDAOプロジェクトを推進するために2018年に設立されましたが、運営をMakerDAOに完全に移行することを当初から約束していました。

2021年にMaker Foundationが解散し、MakerDAOは完全に分散化しました。中央集権的部分を残す財団体制からDAOによる完全な自律分散への移行プロセスや、その後の状況は、課題を含めてDAOの先進事例であり、DAOの将来の方向性を示すベンチマーク的存在として非常に重要で、大きな注目を集めています。

インタビューを実施したKathleen Chu（キャサリン・チュウ）氏がMaker Foundationに参加したのは2019年から2021年にかけてです。日本でのコミュニティーリードという役割を務めつつ、Maker FoundationからMakerDAOへ自律分散化が進むプロセスに立ち会っています。日本ではコミュニティー構築を通じたMakerDAOに関わる知識の共有、PRおよびマーケティングなどを担当していました。Maker FoundationやMakerDAOの組織の特徴や強み、課題を知り、かつ日本の事情にも詳しい人物です。最初に、Maker Foundationに関わるまでの彼女の経歴を伺いました。

MakerDAOに参加しようと思った理由とそれまでの経緯

Kathleen Chu氏は15年以上ジャーナリストとしてのキャリアを積み、東京の大手金融系メディア会社にいました。そこでブロックチェーンがいくつかの問題を解決するのを目にし、ブロックチェーンで金融システムを改善する方法を探したいと思うようになり、この分野に入り込んでもっと学びたいと考えるようになったのです。そして彼女が入社したのは、エストニアにあるブロックチェーンベースのblockhive*という会社の日本支社です。

＊2017年より東欧・エストニアに拠点を開設、同国と日本の二拠点で事業を展開している。石川県加賀市と連携するなど、地方自治体のデジタル化推進を支援している

Kathleen Chu氏がMaker Foundationのチームに初めて出会ったのは、プラハのDevcon*に参加した時でした。そのとき、MakerDAOの計画に興味を引かれたと言います。

＊イーサリアムの開発者・リサーチャーなどに向けた世界規模なカンファレンス

その後、ビジネスSNSに掲載されたMaker Foundationの求人情報を見て、すぐに応募します。それがすべての始まりでした。ポジション自体は未経験者および中級者向けでしたが、その会社に大きな可能性を感じたので、とにかく応募し、彼女のMaker Foundationでの歴史が始まったのです。2019年のことです。

日本から参加したのは彼女だけで、日本におけるブランドやコミュニティー構築から始まり、いくつかのプロジェクトを主導するようになります。グローバルなプロジェクトで仕事をしようとすると海外に行くこと

を連想する人が多いですが、各国でコミュニティー形成をする必要があるWeb3プロジェクトの場合、グローバルチームとローカルチームの橋渡しとなるポジションも重要です。

MakerDAOとMaker Foundationについて

MakerDAOが提供するホワイトペーパー「Makerプロトコル：MakerDAOの複数担保型Dai（MCD）システム」を基に、Makerプロトコルと、暗号資産Daiを説明します。

Makerプロトコルは、イーサリアムブロックチェーン上に構築され、ユーザーが保有するETHなどの暗号資産をスマートコントラクトに預け入れることで暗号資産Daiを生成できます。Daiは米ドルとの連動による価格の安定性を実現するステーブルコインとして設計されています。Makerプロトコルは、イーサリアムブロックチェーン上の主要なdAppの一つであり、幅広く普及した初期のDeFiアプリケーションです。

ガバナンストークンであるMKRの保有者は、大きく二つの役割があります。一つは、ステーブルコインDaiの安定性に寄与すること。もう一つはMakerプロトコルの健全性と、改善や成長の機会にコミットすることです。MKRの投票における影響力は、MKR投票者が保有しているMKRの数量に比例します。つまり、MKRトークンが多いほど、投票者の意思決定力が大きくなるのです。Maker Foundationは、多数の外部パートナーと協力してMakerプロトコルへ多くの技術的貢献やマーケティングを行いました。MakerDAOは、コミュニティーと協力してガバナンスを構築しつつ、完全な分散化に向けて進んだのです。

こうした場面に立ち会ったKathleen Chu氏は、インタビューの中で次のように語っています。

「コミュニティーというベースから始まって、MakerDAOが組織の歴史を刻み始めたのは、2017～2018年のことです。このままでは急成長できないことに気付き、Maker Foundationを結成することにしたのです」

「Maker Foundationは、2018年、MakerDAOを立ち上げ拡大させるために設立されました。Maker Foundationは中央集権的な存在であり、唯一の目的は、ステーブルコインであるDaiとMakerDAOをブートストラップすることです」

「2018年から2021年にかけて、Maker FoundationはステーブルコインDaiやSai（Single-Collateral Daiの略で、Daiの初期バージョン）の立ち上げに成功しました。Saiはその後、現在のステーブルコインDaiに統合され、Daiは1兆円を超える時価総額になっています（2022年2月現在）」

「すべてがうまく機能しているという点で、非常に興味深いと思います。Maker Foundationの人々は皆、非常に優秀でプロフェッショナルでした。このような組織を解散させるのは一般的には難しいです。なぜなら、すべてがうまくいっているので、このまま続けたいと思ってしまうからです」

「ただ、自分たちの主な目標と使命は、MakerDAOを本当に起動させることだったのです。目的は達成されたので、Maker Foundationを解散し、コミュニティーに戻るべき時が来たと、誰もが考えたのです。既にMaker Foundationは解散しており、現在はもう存在しません。Maker

Foundationの使命は達成されたので、今はコミュニティーに戻りつつあります」

Maker Foundationの解散とMakerDAOの展開

Maker Foundationの解散や、MakerDAOコミュニティーへの運営の移行は、関連組織のホームページなどでかなり細かく紹介されています*。それらを内部から見ていたKathleen Chu氏は、次のように語っています。

＊MakerDao、「Maker Foundationが解散に向けて尽力」、https://blog.makerdao.com/foundation_dissolution/ （2022年4月2日閲覧）

「Maker Foundationの解散は、財団が後から選んだわけではなく、財団設立時から決まっていました。2021年、ついにその時期が来たので、自然と解散したのです。最初から解散が予定されていたので、解散はとてもスムーズに行われました」

「MakerDAOのコミュニティーでは、MakerDAOをサポートするためのさまざまな施策が紹介されました。すべての議論はMakerDAOのフォーラムで行われ、移行がスムーズに行えるように、さまざまなプログラムが立ち上げられました。それは2020年ごろから議論されてきたことです」

「自分たちがユニット案のようなものを提案し、それがMKRホルダーの投票によって承認されます。ユニットとは、DAOで働くチームのようなものであり、承認されればDAOから資金も支払われます。このコア・ユニット案は、物事を本当に動かすことになる重要な提案であり、この提案が可決されれば、誰でも申請して、財団のさまざまな機能を引き継ぐことができるようになるわけです」

「2021年1月にユニットに関する案が可決され、そこからすべてのプロセスが始まりました。コミュニティーの人たちが、例えばコンテンツ・コア・ユニットに応募し始め、そして自分たちのユニットを立ち上げました。自分は2021年の7月まで財団にいましたが、この間、各ユニット、各事業部、例えば事業開発部などが独自のユニットを立ち上げるのを見ました。中には、自分で会社を立ち上げる人もいたのです」

「財団で働いていた人がMakerDAOに残るには、自分自身がユニットを立ち上げてコミュニティーの一員となる必要がありました。そのために企画書を送り、それが通って自分のユニットを立ち上げると、財団からMakerDAOに異動します。2021年の1月から7月にかけて、財団は120人だったのが80人になり、60人、40人と減っていきました。自分が辞めるころには40人くらいになっていたと思います。財団側から見ると、かなりスムーズに進んだと思います」

ブロックチェーンプロジェクトは以前よりDAO化を想定しているものが多いですが、コミュニティーから始まり、Maker Foundationのような中央集権的な組織を生み出し、その後DAO化が達成されている大規模なプロジェクトは珍しく、MakerDAOは重要な事例と考えられています。Kathleen Chu氏は2021年7月にMaker Foundationを去っていますので、その後のことは関係者から聞いたことや、財団のホームページなどから得たことになりますが、次のような言葉で語ってくれました。

「MakerDAOの意思決定は突然コミュニティーに委ねられましたが、コミュニティーにとってそれは難しいという問題がありました。集団で意思決定をするのは大変なことです。例えばMakerDAOは、最近までマーケティング部門を持っていませんでしたし、新しいマーケティング部門を新設しようとしていますが、今でもまだ完全に機能していないと思います。DAOが普通の会社のように機能するのは難しく、そこには利点もあれば、明らかな課題もあります」

「MakerDAOは、意思決定プロセスが非常に分散化されていることを考えると、とてもうまくいっていると思います。ガバナンスプロセスにどれだけの票が参加しているかという点で、成功の指標をいくつか挙げることができます。過去には、有権者の投票に対する関心が低く、有権者が投票に無関心であるという問題がありました」

「ガス代（取引手数料）が高いという問題もあります。ネットワークが混雑していてイーサリアムが高い時に投票すると、300～1000ドルもかかってしまうのです」

「MakerDAOのガバナンスでは、投票者委任制度を導入しています。投票を委任できる委任者がいて、彼らが代わりに投票してくれます。つまり、彼らは、物事を理解し、フォーラムでのすべての議論に通じ、投票者のために決定を下す代理人のようなものです。その結果、投票の参加者数も、投票数も明らかに増えました。最初の頃は、1つの提案に対して2万票ほどしか投票されませんでしたが、それが今では、10万票以上に増えています。また、2022年5月現在、投票を委任できる投票代理アカウントが合計32アカウント存在します。そのうち15アカウントは仮名で活動しており、17アカウントは完全に匿名です。委任率は10％を少し超える程度ですが、増加しています（2022年3月23日で、委任投票数は10万3615票、委任率は10.6%)」

「投票のインセンティブは、まさにMakerDAOの運営状況と関係します。MakerDAOがうまくいっていれば、MKRの価格は上がり、その見返りとしてMKRホルダーに利益がもたらされます」

「投票数や投票の委任率の増加により、MakerDAOのガバナンスに大きな進展があったことが分かります。今も改善の余地はたくさんありますが、最近はずっと良くなっていると思います。というのも、当時、自分でマーケティングユニットを立ち上げようとしたのですが、うまくいきませんでした。さまざまな人が提案にコメントをくれますが、マーケティングや広報について理解していない人が多かっただけでなく、誰が投票権を保持しているかも分かりませんでした。当時はガバナンスのプロセスがあまりうまく構築されていなかったので、かなり困難でした。しかし、今は本当に良くなってきていると思います」

「MakerDAOのようなプロトコルが根本に存在し、完全に分散化されているので、誰もそれを停止させることができないのは、驚くべきことです。例えば米ドルと連動する暗号資産(USDT*)との交換は制裁によって凍結される可能性がないとはいえませんが、MakerDAOの凍結はおそらく不可能です。一部の強国が制裁しようとしても、凍結はできないでしょう」

*USDT(Tether)は、ステーブルコインのように安定した価値を持つ通貨を設計するという意図による、米ドル通貨に類似する価値を持つことを目的とした暗号資産

「一方で、必ずしもリスクがないとは言えません。例えば、フォーラムは重要なアイデアやMakerDAOの運営方法について議論する神聖な場所なのですが、多くの人がコメントしたり、スパムをしたりする可能性

があり、リスクがあります」

「システムへの攻撃に対するMakerDAOのリスクはありますが、システムでは全体に影響を及ぼす単一障害点がなく、どんな決定も最終的には多くのMKRホルダーによってなされるため、どんな攻撃者にとっても攻撃しにくいように設計されています」

DAOはあるべき自律分散型の組織形態と見られ、法制度面や現実的な制約面から語られることが多いですが、DAOの設立経緯を、中央集権的な部分もある財団組織からの独立経緯を知っている人間が語ることはほとんどありませんでした。その意味で、今回のインタビューにおいて、MakerDAOは分散化してもガバナンスや意思決定が基本的にうまく機能しつつ、一方でマーケティング人材の不足、投票に関するコストや運営方法、攻撃に対するシステム面のリスクなどの課題が指摘されていることは、非常に貴重と考えられます。課題はありつつも、それを克服し、徐々に改善しているMakerDAOに注目したいと思います。

財団とDAOの関係性と創業者の動向を通じた10年後の見通し

Maker FoundationとMakerDAOの組織特性の相違や関係性について、創業者の動向も踏まえながら、10年後について伺いました。

「MakerDAOの当初のビジョンは『世の中の誰もが平等にグローバルな金融市場へアクセスできる包括的なプラットフォームを創り出すこと』であり、それはとても明確で、チームが一緒に働くのは簡単でした。しかし、DAOになると、ノイズが多くなり、方向性を見いだすのが難しくなったのです」

「創業者のRune Christensen（ルーン・クリステンセン）氏は、財団を去った後、MakerDAOに戻ってきました。彼は、MakerDAOと財団の2つを混同しないように細心の注意を払おうとしていました。財団にいる限り、自分の時間をDAOのために使ってはいけないと考え、彼は財団を離れた上で、DAOに移ったのです。そして、DAOの方向性に影響を与え、DAOの使命や目標を設定しようとし始めました」

「Rune Christensen氏は、クリーン・マネーに関する論文や提案を発表し、安定したコインであるDaiはクリーン・マネー、つまり持続可能なエネルギーなどに支えられたものであるべきだと訴えたのです。彼はある程度の支持を得ているように見えますが、その一方で、彼の他にも影響力が強い人はいます。最終的な判断を今下すのは難しいですが、MakerDAOには何らかの方向性が必要です。少し落ち着いてから、正しい方向に向かい始めてほしいと願いつつも、もう既に正しい方向に向かっているのかとも思っています。ただ、時間はある程度かかるでしょう」

「Rune Christensen氏が、『最初はDAOの中でも多くの権力争いや政治があるだろう』と言っていたのを覚えています。しかし、最終的には、適切なインフラが整備されれば、それも収まるだろうと考えていました」

「投票権の委任は本当に重要な部分であり、政治は必ずしも悪いことではありませんが、常に妥協が必要です。時折フォーラムをのぞいてみると、議論はかなりうまくいっているようです」

「自分自身は、10年後にはどこかでリタイアしつつも社会貢献ができていたらよいと思っています。暗号資産の世界では、10年というのは本当に長いような気がします。10年後に、MakerDAOはどうなっているかは分かりませんが、ステーブルコインの分野で今以上に影響力を持つ可能性は十分にあると思います。その理由は、真の安定したステーブルコインだからです」

自身のモチベーションについて

Kathleen Chu氏個人のモチベーションは、ジャーナリズムの時代、Maker Foundationにいた時代、またそこを去った時代でどのように変化したのでしょうか。その点はブロックチェーンやDAOに関わる意向のある人材にとって重要で興味深いと考えられます。

「ジャーナリスト時代とは違う未来が待っていると思うからこそ、モチベーションが上がるのです。10年くらい前から情報の自由化が進み、P2PやSNSで直接情報を発信できるようになったこともあり、時間の経過とともに徐々にジャーナリスト仕事が減っているように感じていましたが、記者がレイオフされるのを見て、ジャーナリストの仕事が激減していることを実感しています」

「ジャーナリストはとても重要な仕事をしていますが、教師と同様に十分な報酬が支払われていないように感じています。これらは、例えばブロックチェーンなどを使って改善できる社会的な事柄の一部だと思います。その他ユニバーサルインカム*などは、これまで実現されていませんが、不平等や金融サービスへのアクセスの欠如といった社会問題を解決するのに役立つと思います」

＊すべての個人を対象に、キャッシュを無条件に支給する制度。誰もが一定の経済的な保障により自由と安全を得られるようにすることを目指す

「自分が問題視していることはたくさんあります。例えばジャーナリストの時代、年金基金のアセットマネジャーや保険会社にインタビューすると、彼らはたくさんの資金を管理していますが、どこに配分すればいいのか、どこにリターンを求めれば自分たちの資金を維持できるのかが分からないと言っていました。当時は、日本銀行が景気対策を始めて3年目か5年目だったと思いますが、世界的にも、債券と株式の逆相関がなかなか見いだせず、金融の世界で話をする人たちは皆、利回りが悪いことをかなり気にしていました」

「もし問題があるならこれからの年金はどうなるのだろう、そして給料が上がらない社会はどうなるのだろうと感じ、将来が心配になり、それでブロックチェーンに興味を持ち、さらに調べていくうちに、Maker Foundationが実現しようとしていることが、より良い社会への変革という私が大事に思っていることと一致すると感じ、Makerに熱中するようになったのです」

Kathleen Chu氏がMaker FoundationやMakerDAOに関わったのは、ブロックチェーンに関心を持ち、それを利用した社会課題解決に興味があったからだと言います。それはブロックチェーンという新しい技術とともに、先進的な財団やDAOに関わることで実現したと示唆されています。同時に、ブロックチェーン技術の活用が、DAOという仕組みを通じて、組織および個人に対する経済的インセンティブを高めたことは注目すべきです。

MakerDAOを通じて見るDAOの未来

自律分散型のDAOの立ち上げに関わった経験から、またDAOに期待をかける意味から、Kathleen Chu氏は以下のように語っています。

「DAOは始まったばかりですから、DAOに関して常に考えるようにしています。自分は、DAOの完全なサポーターです。自分は今でもMakerDAOに強い思い入れを持っていますが、誤った期待もあるかもしれません」

「DAOが答えで、誰もが貢献できる素晴らしいものだと信じている人がいます。以前は自分もそうでしたが、実際はそうではなく、会社と同じで、失望や意見の相違に直面します。分散型であり、意思決定が複雑で、本当に厄介なことになるかもしれません。しかし、責任者が一人もいないのですから、議論し交渉する必要があります」

「私の経験から語ると、残念ながら、DAOは現在の理想からは離れもう少し現実的になるのではないかと思います。なので、DAOへの高過ぎた期待を一度下げ、理想と現実を見直す必要があるかもしれません。DAOはすべてを解決するものではありませんが、コラボレーションを助けるものです。歴史上初めて、世界規模でコラボレーションが可能になり、投票やプロセスを通じて意思決定ができるようになりました。

「自分はDAOを、自分たちがグローバルに協力するための新しいタイプの構造として見ています。人々を動員し、非常に組織的な方法で物事を成し遂げようとする方法です。最初はそうではないかもしれませんが、より多くの構造が構築されるにつれて、これはとても驚くべきことで、以前は考えられなかったことです」

Kathleen Chu氏の以上の発言には、DAOの概念とその適用について注釈が必要と考えられます。DAOの概念は、狭義には「スマートコントラクトで自律分散的に動く組織」と捉えられ、DeFi関連の多くのプロジェクトのように、プロダクトが中心となって構成されているものとして連想されることが多いです。しかし、より広義には「分散型組織を機能するために集まっていくという目的限定型のコミュニティー」という捉え方もできます。Kathleen Chu氏が指摘したことは、この後者に近いと考えられます。

以上の点を含め、Kathleen Chu氏の知見は、MakerDAOという先進的なDAOの事例にとどまらず、企業や財団からDAOへの移行、もしくは役割分担、DAOが有している可能性と課題について、多くの参考になる示唆を与えています。今後のDAOの将来性という視点においても、理念的なDAOの姿のみでなく、現実面の課題も含めてより多様で人間が関与する組織としてのDAOの可能性を考え、実際に生かしていくことができます。

第6章

メタバースとWeb3がもたらす新経済圏

interview with Decentraland Esteban Ordano

text by 絢斗優

Esteban Ordano（エステバン・オルダノ）氏とAri Meilich（アリ・メイリッチ）氏によって創設されたDecentraland（ディセントラランド）は、Web3業界で最も歴史が長いとされる、メタバース構想のブロックチェーンプロジェクトとして知られています。2015年に誕生し、3DCGとブロックチェーン技術を組み合わせた仮想空間プラットフォームとして進化を遂げています。2017年にICOを実施した際には、開始から数十秒で約26億円を調達したことで大きな話題を呼びました。

Decentralandは2020年にベータ版が一般公開され、瞬く間に世界最大級のエコシステム・プロジェクトとなりました。非営利団体であるDecentraland Foundation（Decentraland財団）によって開発・管理され、20以上のグローバル投資家によってサポートされているこのプロジェクトは、2020年にDAOに部分的に移行しています。

Decentralandでは、ユーザーがコンテンツを作成し、マネタイズすることができます。また、メタバース内に自分の建物やミニゲームを建設するための区画「LAND」を、明確な所有権を持って購入することができます。LANDは約9万区画で構成されており、LANDの所有者はLANDを利用してさまざまなコンテンツを作成することができます。また、土地を所有していなくても、アバター用の洋服をNFTとして発行・販売できる機能があり、1つのアイテムで10億円以上を売り上げたクリエイターもいます。

Decentralandのメタバース世界の探索は、ウォレットも手数料も不要で、誰にでも開かれたものです。ブラウザー上で3D体験しながら歩いたり、他のユーザーがデザインしたLANDを見たり、世界中のユーザーと交流したりすることができます。バーチャルコンサートやファッションショーも多く、過去にはDeadmau5やParis Hiltonのライブ、ハイブランドのファッションショーが無料で開催されました。

Decentralandの開発過程と特徴

Decentralandの開発作業は、コンテンツクリエイターが制作物の価値を完全に所有できるネットワークの確立を目標に、2015年に開始されました。Decentralandの開発は一度に進んだわけではなく、以下のような段階を経ています*。

* Decentraland, 2021. “White Paper.” https://decentraland.org/whitepaper.pdf?msclkid=47214d96bb0f11ec8d830a2444ebe664（2022年4月13日閲覧）

石器時代（Stone Age）

2015年にリリース。デジタル世界に対する所有権を表す無限の2Dグリッドのピクセルで構成されていました。

青銅器時代（Bronze Age）

2016年末にリリース。区画を分割された3Dの世界に拡張しました。

鉄器時代（Iron Age）

Decentraland上でアプリケーションを作成し、他のユーザーに配布し、それらを収益化することができるようになりました。

Decentralandの主な特徴は次の３点です。

特徴①メタバースとクリエイター機能の全容を体験する

現在、多くのメタバースプロジェクトが構想段階にある中で、Decentralandは先行し、ユーザーが実際にメタバースを体験できるところまで進んでいます。また、ソフトウエア開発キットを提供しているため、開発経験がなくても簡単に作成できます。さらに、Decentralandは、Blenderやnode.jsを使って本格的な開発をしたいという開発者のニーズにも応えられるような拡張性を備えています。このような最先端の開発と実用化、そして同時にユーザー主導のコンテンツ拡充が、Decentralandの特徴となっているのです。

特徴②独自のエコシステムの形成

Decentralandでは、ブロックチェーン技術に基づく独自トークン「MANA」を用いて、土地区画LAND、アバター服、ユーザーネームなどの取引を行うことができます。取引されるLANDなどメタバースで取引されるアイテムは、NFTによってユニークさが担保され、LANDの運用やデジタルアイテムの作成によるマネタイズが可能となり、メタバースにおける独自の経済とエコシステムを構築することができます。また、Decentralandにアバター用の服をアップロードする際には、DAOのキュレーション委員会が一度審査を行い、審査を通過したものだけがNFTとして販売できるようになっています。この審査体制は、著作権を侵害するコンテンツへの対処を助けるために機能しており、大手ファッションブランドやIPが安心して参入できる場となっています。

特徴③DAOによる組織運営と財団との役割分担

Decentralandは既存のオンライン3Dゲームとは異なり、DAOによるユーザー主導の運営体制を志向しており、2020年にDAOとなりました。DAOプール資金の運用、メタバースで配布するアイテムの種類、開発方針などの決定は、スマートコントラクトなどを用いて行われています。DAOへの助成金申請の事例も多く、直近では、現地語への翻訳を行うスタッフの人件費として数十万円の助成金申請や、Decentralandの知名度を上げるための世界的アーティストとのコラボ企画として約2500万円の助成金申請などがありました。DAOは、これらの助成金を受け入れるかどうかを決定します。Decentraland財団は、コミュニティー全体の利益のために行動し、既に達成されたDecentralandの分散化を促進し、マーケティング活動を補助する副次的な役割を担います。DAOと財団の役割分担は、Decentralandの特徴になっています。

企業などとの提携、プロジェクトの動向

Decentraland財団は、LANDの開発を通じて、著名な企業や政府機関との協力、コラボレーションイベントの開催、事業の立ち上げを行ってきました。一例として、コインチェックが推進するメタバース上の都市開発「Oasis KYOTO」が挙げられます（**図表6-1**）。その他、公開されている情報を基に、パートナーシップやビジネスの例を示します（**図表6-2**）。

図表6-1　Decentralandのメタバース上で都市開発の例（Oasis KYOTO）
出所：コインチェック、2022年、「コインチェック、Decentralandのメタバース上で都市開発を開始」
https://corporate.coincheck.com/press/lSWmq7Et　（2022年4月14日閲覧）

図表6-2　Decentralandの提携先やDecentralandをビジネスに活用している組織例

組織名	概要
コインチェック	2022年3月、同社が保有するDecentraland上の土地「LAND」に、2035年の近未来都市「Oasis KYOTO」を建設するプロジェクトを開始
アタリ（ATARI）	大手老舗ゲームメーカーだが、Decentraland上にアタリ・カジノ（Atari Casino）を立ち上げることを2021年に発表

創業者の経歴とDecentraland開始の理由

創業者の一人であるEsteban Ordano氏に、自身の経歴や2015年のDecentralandのスタート、2017年のICO以前の経緯について伺いました。

「アルゼンチンのブエノスアイレス工科大学（Instituto Tecnologico de Buenos Aires）在学中に、テックジャイアントの1つの企業でエンジニアのインターンとして短期間働きました。卒業後、企業向けのWeb開発などを行ったり、ビットコイン決済サービスプロバイダーのBitPayでしばらく働いたりしていました」

「私が初めてビットコインに出合ったのは、2011年か、それより少し前のことです。当時は、面白い技術だとは思いましたが、まさかはやるとは思っていませんでした。でも、一般のユーザーや技術者が使い始めているのを見て、これは大きなムーブメントになると思いました。それが2013～2014年ごろで、"超ド級の大ヒットになるかもしれない"と考えを改めました」

「Decentralandの最初のバージョンはビットコインをベースにしていましたが、イーサリアムの登場で開発が大きく変わりました。3～4人の同僚と一緒にビットコインで開発したときは3カ月かかりましたが、同様の部分をイーサリアムで開発すると2～3日で完成したのです。こんなに簡単にブロックチェーンアプリケーションが作れるのかと衝撃を受けたのを覚えています。イーサリアムに切り替えたことで、Decentralandの開発を加速させ、他のすべてのコントラクトと互換性のあるオープンなものにすることができました。私たちにとって素晴らしいことだと思ったからこそ選択したのですが、まさにその通りであり、個人的にもモチベーションが上がりました」

「私たちがDecentralandを開発した動機は、ユーザーとプラットフォームとの間に強い相互作用があるゲームやアプリケーションを見たかったということです。ブロックチェーンやオープンエコノミーの技術を使い、ユーザーが選択し、活用し、公開されるゲームは、一般的に前例がありませんでした」

「私の考えでは、コミュニティーの関心とリソースに応じてDecentralandでまだ実現されていないものもありますが、メタバースは私たち自身の実生活で使っている技術の多くを精巧に再現することを可能にします。例えば、工場を個人で借りたり、住宅ローンを組んだり、コミュニティーやユーザーがサーバーを運営する美しいオープンワールドを作ったりすることができるのです。しかも、すべてオープンソースなので、多くの企業が存続し続けることができます」

Decentralandの当初の想定はゲーム的なものでしたが、技術の進歩などもあり、3D仮想空間上での体験、さらに土地やコンテンツを生かしたビジネスに展開したと考えられます。その背景には、ユーザーとプラットフォームの間の強い相互作用、オープンな開発環境の指向があり、イーサリアムの選定は、開発期間の短縮とともに、これらの点に寄与していることがうかがえます。またメタバースに関わる今後の展開可能性、セキュリティーへの対応も示されています。

「DAOのガバナンスは、ソフトウエアを作っている人たちの間に、とてつもない相互作用を生み出すと思います。私は、Decentralandに理解しやすい変更を加えることで、そして現在のコミュニティーがおそらくこの方法で行くことを決定すると信じていますが、最終的には誰もが自分の経験を調整し、コンピューターで発生するお金と情報の流れを理解することができるようになると考えています。少なくとも、イーサリアムを使い、暗号資産を誰もが簡単に利用できるようにする方法を学ぶことができる未来の世界があるのです」

「誰もがアクセスできて安全であることが重要で、コミュニティーは中小企業でも使いやすいようにセキュリティーのバグをなくそうと努力しているようです。例えば、Decentralandの不動産管理システムでは、ユーザーが地主の土地に建てるものすべてに、暗号資産ベースやブロックチェーンベースのセキュリティー機構が実装されていました」

「Decentralandでは、バグが発生して誰かが土地の区画を盗めば、それは重要な事件となります。少なくともDecentralandでは、誰も路上で眠ったりはしません。素早く学び、自分たちと未来をより安全なものにすることができるのです。Decentralandのコミュニティーにとって、DAOをどのように構築するか、関係者の間でどのように空間やソフトウエアの作成を調整するか、非常に重要な実験となっています」

Decentralandの当初のビジョンはゲーム的なものでしたが、技術の進歩などにより、市場は3D仮想空間での体験や、土地やコンテンツなどを活用したビジネスへと広がっています。

2017年のICO化以降の経緯

ERC-20の仮想通貨MANA（イーサリアムのERC-20トークン規格に準拠）が誕生したのは2017年です。また、2017年12月には仮想空間上の土地、LANDオークションが開催され、2018年にLANDマーケットプレイスがオープンしました。

2020年には一般公開され、世界最大のエコシステムを持つプロジェクトの一つとなり、2020年2月からWebアプリが公開され、既に誰もが簡単にその世界で遊ぶことができるようになっています。同じ2020年に、DAOに移行します。

Decentralandは、メタバースやNFTのブロックチェーンゲームに使われるトークンとして、MANAに加えてLANDも導入しました。LANDはERC-721規格のNFTで、イーサリアムの開発標準を利用して作成されています。すべての区画のLANDは、他のLANDと隣接していることなどにより、交換不可能で固有の価値を持っています。ERC-721規格は、プロジェクト開発の過程で一部発明され、LANDの価値を向上させ スマートコントラクトの高度化に貢献したと考えられています。

MANAとLANDは、以下の目的で使用されます。

MANA

仮想空間内の通貨機能（ERC-20）、2017年に導入。

LAND

仮想空間の土地のNFTトークン（ERC-721）、2018年に導入。

> 「LANDはNFTで、イーサリアムの2018年の開発標準であるERC-721を使用して作成されたものです。その過程で、私たちは多くのものを独自に発明してきました。私たちは、オリジナルのNFTのERC-721規格のいくつかの側面について、自分たちで開発を手伝いました。その結果、スマートコントラクトをアップグレードすることができました。私たちは、この技術を最初に開発した企業の一つと位置付けられ、一般に公開される前から使用していました」

財団とDAOの役割分担と組織構造

非営利団体であるDecentraland財団は、DecentralandのIPに責任を持ち、ユーザー主導の分散型管理構造を円滑に運営するための補助的な機能を担い、2020年2月にDAOがローンチされました。DAOは、ポリシーの更新、製品開発のロードマップと同様の重要な決定、LANDオークション、市場取引手数料、助成金、プロトコルのセキュリティーをサポートするセキュリティーアドバイザリーボードメンバー、その他コミュニティーにとって重要なことすべてを投票で決定します。1つのMANAは1単位の議決権を提供し、1つのLANDトークンは2000単位の議決権を提供します。

DAOとDecentraland財団の役割と連携について、Esteban Ordano氏は次のように指摘しています。

「プロトコルを完全に分散化するために、Decentralandはスマートコントラクトの制御をDAOに移管し、立ち上げに3年かかりましたが、コロナ禍でロックダウンに入る1カ月前の2020年2月にDAOをスタートさせることができました」

「Decentraland財団は、DecentralandのコミュニティーとDAOのために存在し、DAOが決めたことを実現するために最善を尽くすと定めています。DAOが月に行くことを決意したら、その実現のために最善を尽くします（笑）。それがDecentraland財団の精神です。『Decentraland DAOサイトを実装し、プラットフォームが時間をかけて発展していくのを見守る』ということですね」

DAOの実現を目標としつつ、Decentraland財団の役割も非常に重要なことが分かります。財団の機能や組織はどのようなものでしょうか。

「私はここ2年ほどDecentraland財団の運営に携わっていませんが、財団のスタッフは60～70人で、これは少し多すぎると私は考えています。マーケティング、コンテンツ、オペレーションの担当者がいて、クリエイターやプログラマー、エンジニアなどのサービスプロバイダーを35～40人ほど雇用しています。組織としては、少しヒエラルキーがありますが、非営利的です」

「Decentraland財団は、より早く透明性を実現することを目指しており、その目標は常にDecentralandコミュニティー全体を最高のものにするために、エコシステムを支援することです。Decentraland財団とコミュニティーの間に境界がないようにして、すべての情報の流れがより連続的になるようにしたいのです」

Decentraland財団では、コンテンツ開発などに関わるエンジニアの人数が多く、位置付けも重要であることが分かります。開発者とユーザーの関係はどのようなもので、DAOの役割はどうあるべきでしょうか。

「開発者はユーザー体験を変える方法を知っていて、ユーザーはユーザー体験を変える実装方法を知りません。両者ともDAOを知っていて、開発者はDAOの言うことをすべて実装する必要はなく、うまくいけばユーザーに手を差し伸べることができるのです」

「DAOの役割は、ソフトウエアをどう変えるかというよりも、プロトコルをどう変えるかということです」

DAOはユーザーサイド、Decentraland財団は開発者サイドに立ち、それぞれが関与する領域や意思決定方法が異なることを示しています。DAOはスマートコントラクトで規定され、ルールが決定すれば、そのルールを変更しない限り、意思決定などは自動的に行われます。DAOによるプロトコル変更およびその意思決定の重要性も意味していると考えられます。

NFTの相互運用性について

今後のメタバースプロジェクトの多くは、NFTの相互運用性の問題を抱えることになると予想しています。例えば、別の新しいプロジェクトでDecentralandのウエアラブルを使う可能性はあるのでしょうか？　同じNFTを共有していれば、似たような構造やアバターシステムを使用している場合、ウエアラブルを使用する可能性はどうでしょうか？　これらの質問に対する答えは以下の通りです。

「既に、何らかのかたちで別のIDシステムを使いたいというプロジェクトがいくつか出てきているんです。つまり、アバターの外見や名前のようなものです。ある意味、メタバースの相互運用性の多くは、学術的、研究的なアプローチだと思います。自分たちは、メタバースを開発することに協力的です。しかし、この相互運用性は、プロトコルレベル、実装レベルからのものでなければなりません。相互運用性レベルとは何を指すのか、プロトコルレベルから決めていかなければならないと思います」

「相互運用可能であることは、非常に意味があります。例えば、世代を超えたクロス・マーケティング・キャンペーンを行うことができます。

例えば、20年後に今人気のゲームをプレイしていて、アイテムのNFTやお父さんのアバターをまだ持っていたら、それを20年後のゲームに使うことができますよね。そういうものがあれば、本当に価値があると思います」

「Decentralandはオープンソースなので、インターネットプロパティーがないとDecentralandのウエアラブルを作れないんです」

「DAOにはウエアラブル制作のアーティストやスペシャリストのコミュニティーがあり、コミュニティーの外にもいます。彼らは、ユーザーがアップロードしたウエアラブルが、周辺との摩擦や著作権の問題を起こさないように配慮しています」

「Decentralandにおける唯一のキュレーターの役割も、グローバルに調整し、選択し、整理し、編集し、価値と意味を見いだすことです。サーバーを運営している誰もが、自分のサーバーのコンテンツをモデレートすることができるのです」

「すべてのユーザーは、他のすべてのユーザーをブロックすることで、自分の体験をコントロールする能力を持っています。自分たちの組織内でモデレーションの問題にも取り組んでいます」

「相互運用性は課題であって、問題ではありません。この仮想世界のグラフィックスに合わせてウエアラブルデバイスを正しく表示させるという実装上の課題があるのです」

「NFTを実装することで、コンピューターのGPUを使って、自分の好きなようにアバターをレンダリング*する権利が与えられます。それは非常に興味深いユースケースだと思います」

＊データ記述言語やデータ構造で記述された抽象的で高次の情報から、コンピュータープログラムにより画像・映像・音声などを生成すること

「Decentralandのシステムには課題もあります。将来的にDecentralandのシステムを使って自分のビジネスを行う開発者は、自分でサーバーを運用しなければならず、多くの金銭的コストがかかるでしょう。そうすれば彼らの仕事はもう少し効率的になるのですが、開発者はサーバーを買ってお金を払っているわけですから、プラットフォームとユーザーの関係は、対等でバランスが取れていることが必要です」

相互運用性の重要性を認めつつ課題も示しています。相互運用性については、ユーザーに大きな機会を与え、同時にそれは大きなビジネスチャンスにもなります。ただし、ユーザーのコスト負担、著作権の問題などがあるとされています。また、相互運用性のみの問題ではありませんが、ユーザー同士のやりとりの中で、調整や意味を与えていくキュレーションやモデレーションに対する見解も示されています。

NFT、メタバースの想定する用途

メタバースにはいろいろな側面があり、例えば、ファッション、音楽、展示会など多様な用途への展開が考えられます。この点について、Decentralandはどのような方向性を想定し、どのようなアプリケーションが適すると考えているのでしょうか。また、またDAOでどのようなことを想定しているのでしょうか。

「Decentraland DAOは、プロトコルが機能することを確認することに関心があります。仮想世界の上で起こることは、基本的にどこでも、何でも可能だと思います。ただし、私たちがDAOであることを考えると、一般的なデータラインの機能やスペースの提供は他社に任せることができます。その点、Decentraland DAOを通じて、コミュニティーは、多くの音楽プロジェクト、科学や芸術のプロジェクトを助成してきたと思います」

「ミュージシャンの場合、まだ直接的なマネタイズの方法はありませんが、Decentralandを使って新曲を世界にアピールすることができます。ファッションデザイナーであれば、作品を作ったり、経験のある3D開発者と契約してモデルを作ったり、Decentraland上でファッションブランドを立ち上げたり、アイテムとして販売したりすることができます。ウエアラブルファッションをプラットフォーム内のクリエイターがマネタイズするというNFTのビジネスは非常に画期的です」

「仮想世界でビジネスを始めるには、かなりの労力が必要です。開発者であれば、シーンのコンテンツをマネタイズすることはできますが、それはアプリケーションを作るようなものです。DAOは、創作物のマネタイズに直接的なウェートを置かずに、そういう開発のための資金を集めようとしているのです。いずれは音楽に行き着くと思います。暗号資産やこの仮想世界で生計を立てられるようになることが、クリエイターにとって次の大きなブレークスルーになると思うし、そうなってほしいですね」

「音楽NFTがブームになっている部分があり、SNS上での試みもなされています。そうした試みが実現することを期待しています」

DAOの役割は、創作物から直接収益を得るのではなく、対象となるアーティストやエンジニアに資金を提供する仕組みを構築すること。ファッション分野ではマネタイズ方法が確立されていますが、現状ではそれが難しい音楽アーティスト向けの仕組みを構築したいと考えているようです。

Denentralandの人気の理由

日本を含め、世界中でDecentralandが人気を博している理由や、他のプラットフォームとの違いは何でしょうか。

> 「米国のあるプラットフォームでは何百万人ものユーザーを抱えています。Decentralandのユーザー数はそれほど多くありません」

> 「暗号資産ベースの仮想世界を尊重しつつも、個人的にはオープンソースの方が長期的にはリスクが少ないと考えています。プロジェクトの性質上、オープンソースが公開されていることで、ユーザーは時間的な観点から仮想世界で遊ぶことをより長期的にできます。また、Decentraland財団は閉鎖される可能性がありますが、DAOであれば、サービスを継続的に運営することができます」

> 「DAOとオープンソースがもしもなくなってしまえば、サービスの永続性は保たれなくなってしまいます。ユーザーは暗号資産を使ったり、プロトコルを変更したりできなくなります。Decentralandのオープンな運営・開発方針が評価されていると思いますが、自分たちは業界でも初期にローンチしたことが大きいのかもしれません」

Decentralandに人気がある理由は、Esteban Ordano氏個人の思いも含めて、DAOの存在とオープンソースの重視だと示されました。メタバースを標榜しながら、資金調達だけでローンチすらできていないプロジェクトが多い中、着実に開発を進めて完全なDAO化を指向しているDecentralandは、まさにWeb3的なメタバースのあるべき姿を示していると言えるでしょう。

10年後の将来像

10年後を想定した次のプランは何でしょうか。

> 「10年後のDecentralandは、この仮想世界をベースにしたソーシャルネットワークとして活用されることを目指しています。そのためには、Decentralandで利用できるデバイスの開発が重要な要素になると考えています。そして、サーバーを利用できるコミュニティーを増やし、Decentralandに簡単にアクセスできるようにしたいと考えています。誰もが自分のユーザー体験を変えられるということは、人類の成功にとって非常に重要だと考えています」

> 「自分たちで調整し、自分たちでソフトを作る必要があるのです。この分野では、ソフトウエアへのアクセス性が大きく改善されるでしょう」

> 「Decentralandはプラットフォームというよりソーシャルネットワークであり、インターネットをより主観的に見ることができます。例えば、SNS上のあるツイートに10個の『いいね！』がついたとします。同じ10個の『いいね！』をつけた別のツイートにも10個『いいね！』がつくのは

当然です。しかし、同じ10個の『いいね！』をつけた別のツイートと同じ意味を持つとは限りません。あなたにとって大切な人がそのツイートを『いいね！』した場合、それは『いいね！』が10個ついた別のツイートとは意味が違います。それは、あなたがフォローしていない人の『いいね！』が10個のツイートよりも、あなたにとって主観的に重要なのです」

「これからは主観がより重要な役割を果たすようになるでしょう。自分たちは、その主観の周りにより良い良心を作り出す能力を持っていると思いますが、それを表す言葉がなく、通常のアプリケーションでは、一般ユーザーはそれに慣れておらず、まだなじみがありません」

「Decentralandは、インターネットを利用しつつ、Decentraland財団とDAOの機能を生かして、資金やオープンな開発環境を提供し、科学や芸術の創造の思想を前進させるのに役立ちたいと思います」

Decentralandで利用できるデバイスの開発、オープンな開発環境の提供による科学や芸術の創造への貢献とともに、ユーザーの主観性を重視し支援するという、新たな視点が示されました。

第7章

グローバルWeb3事業者の成長の軌跡

interview with ENS 井上真（Makoto Inoue）

text by 馬渕邦美

井上真氏は、Web3で重要なENS（Ethereum Name Service）の開発や、組織のDAOへの移行において、中核的役割を果たした人物です。ENSとは、ブロックチェーンのウォレットアドレスなどコンピューターが扱う識別子に人間が読みやすい文字列をひも付ける、分散型の名前解決サービスです。

例えば、イーサリアムのアドレスは0xで始まる42桁のランダムな英数字ですが、それを「○○.eth」（「○○」は任意の文字列。ENS名）のように人が理解できる文字に置き換えます。それにより、他者へ送金したり、他者から支払いを受けたりする際、42桁の英数字ではなく、人が理解しやすいENS名を利用することができます。

ENSは、もともとEthereum Foundation（イーサリアム財団）で開発が始められ、ENSのサービスは2017年に開始されましたが、2018年からはシンガポールに拠点を置く非営利団体True Names LTD（TNL）を中心に開発が続けられています。2021年10月、ENS名の所有者に対してガバナンストークンが配布され、ENS名の所有期間や残りの有効期間によってはかなりの金額になることから話題になりました。同年11月には、TNLはDAO（ENS DAO）へと展開され、２つの組織は併存しており、その役割分担やガバナンスの在り方は興味深いです。

ENSの特徴

アドレスを人間が認識しやすい文字列に置き換える仕組みは、特定のサービス内では存在しましたが、ENSはこれを、パブリックブロックチェーンを使ってオープンに分散型で実現したのです。ENSは汎用性が高く、グローバルスタンダード化することは、公共的な意味でも非常にインパクトがあります。

現在ENSの登録数は約120万（2022年5月26日確認）です。１人が複数の名前を持っている場合があるので、実際は40万人程度が利用しています。今も毎日のように増えていて、１日の登録数は平均して2000〜3000くらい、2022年2月は1カ月で6万7000くらいの登録がありました。当初は年間登録料を取っていませんでしたが、現在は有料（１年間5ドル程度）にしています。登録料を取らないと登録してすぐいなくなってしまうことがありますし、ENSのように名前を扱うプロジェクトでは買い占め対策は必要で、そのために登録料を徴収しています。

ブロックチェーンを使ったネームサービスは、ENSが初めてではありません。2012年から2013年ごろにビットコインから分岐したNamecoin（ネームコイン）が提供されています。

ネームサービスにはいろいろなレイヤーがあって、登録数だけをカウントすると、もっと登録数の多いところはありますが、NFTでは名前を改良する人たちが多く、登録数や登録料はあくまで目安の一つです。それよりもENSというネームサービスがいかに役に立つか、どれくらいのシステムが統合されているかが重要な指標になります。現在、約500のシステムと統合されています。

井上氏らは最近、ENSのことを「Web3のユーザーネーム」と表現しています。もともとインターネットのドメイン名とIPアドレスの対応関係を管理するDNS（Domain Name System）を参考にしており、これまでアプリごとに分かれていたユーザーネームを共通化できるサービスです。

MetaMask*1に行っても、Etherscan*2に行っても利用できます。例えば、自分のENSでtoken.isコマンドを実行すれば、自分のネームアドレスをMetaMaskやEtherscanで逆引きできます。

*1 イーサリアム系ブロックチェーンの通貨やNFTを一括で補完・管理できるソフトウエアウォレット
*2 イーサリアムネットワーク用のブロックチェーン・エクスプローラー

ENSの特徴をまとめると、次に示す3つを挙げることができます。

特徴①多くのアドレス、アカウントと統合可能

イーサリアムの他、ビットコイン、Litecoin、Dogecoinのアドレスを扱えるだけでなく、email、URL、アバター、SNS、Discordなどのアカウントも設定でき、ENS名をIDのように利用できます。ENSに対応したウォレットのユーザーは、アドレスではなくENS名を指定して送金することも可能です。ENSは500以上のシステムと統合され、独自のエコシステムを形成しています。そこには、MetaMaskなど50を超えるウォレット、Uniswapのようなアプリ、多くのブラウザーが含まれます。

特徴②NFTを利用しており、柔軟な取引や譲渡が可能

ENSは、イーサリアムのNFT標準ERC-721になっており、柔軟に譲渡や取引が可能です。世界最大規模の老舗NFTマーケットプレイスでもENS名は取引されています。

特徴③既存のDNS名の利用が可能

ENSに類似しているものにDNSがあります。既に所有しているDNS名でもENSを利用することができ、「○○.com」「○○.org」「○○.io」「○

○.app」「○○.xyz」「○○.art」のようなDNS名をサポートしています。また、ENSのネイティブ名の接尾辞は「.eth」で、ブロックチェーンネイティブであるセキュリティー上の利点を備えています。

ENSとの出合い

井上氏がクリプトの世界に入ったのは2016年ごろです。ブロックチェーン技術につながる分散台帳技術DLT（Distributed Ledger Technology）がはやり出したころで、英国政府が「DLTは社会にどういうインパクトを与えるか」という内容のレポートを出していました。当時、英国ロンドンの保険会社でエンジニアとして働いていた井上氏は、社内メールで社長が送ったそのレポートをたまたま読んだのです。

井上氏はデータベースエンジニアだったので、台帳でデータベースのような感じだったら面白そうだと興味を持ち、それがクリプトの世界に入るきっかけになりました。その後いろいろな技術について調べ、それからミートアップに行って、イーサリアムのことを知ります。ミートアップでは、特定の条件で契約・取引処理が自動的に実行されるスマートコントラクトで、お金の流れをプログラミングできることを聞き、ピンと来て、「何か作れる」と思ったそうです。そして、開発者用のイーサリアムコードについて話すミートアップを自分で立ち上げます。それが、イーサリアムのミートアップの中でも老舗とされるLondon Ethereum Codeupです。

後にENSを作ることになるニック・ジョンソン（Nick Johnson）氏がたまたまロンドンにいて、London Ethereum Codeupにやって来ました。それが、井上氏とENSとの最初の関わりです。その後、2017年にENSのシステムが立ち上がり、2018年のTNL設立時に誘われ加わったということです。

VC、ICOなしの資金調達と非営利での運営の背景

ENSは、フェアローンチによるトークンの大型エアドロップで有名になりました。エアドロップとは、マーケティングキャンペーンなどの一環として自社で発行した暗号資産やトークンを無償でユーザーに配布するイベントのことです。VCなどからの資金調達を完了した後、トークン上場のタイミングに合わせてトークンの知名度を高めるために行われることが多いイベントです。

しかし、ENSの資金調達にVCは入っていません。また、当時はICOによる資金調達がかなり行われていましたが、ENSでは実施していません。ENSの運営は、非営利組織のTNLが行っています。このような資金調達や非営利組織での運営について、井上氏は以下のように説明しています。

「創業者のニック・ジョンソンは、イーサリアム財団でGeth*のエンジニアをしていました。その片手間に、イーサリアム財団の一つのプロジェクトという位置付けで、ENSを開発していたのです」

＊イーサリアムクライアントソフトの一つ

「イーサリアム財団は、人を雇って給料を払って開発してもらうかたちをとっていましたが、ENSなどイーサリアムのインフラに関わるようなことを全部イーサリアム財団が担うのではなく、分社化するという考え

もありました。その流れで、2018年に100万ドルという結構多額の助成金をもらって分社化したのです」

「お金がないとVCを頼りますが、自分たちの場合は最初に結構な額がまとまって入ったのでラッキーでした。その代わり、イーサリアムのインフラに関わるところなので、なるべくノンプロフィット（非営利）でいこうと考えたのです」

「2017年ごろまではVCを入れないのは珍しかったと思いますが、当時はすぐICOができたので、VCからの資金調達なしにICOを実施したプロジェクトは結構ありました。そのため、2018年ごろになると、VCを入れないこと自体はそんなに珍しくありませんでした」

「ENSの場合は、多額の助成金があったのでVCのお金を入れる必要がなく、さらに、2019年にショートネームのオークションを実施し、3文字から6文字までの名前を売り、その売り上げ、要はNFTを売ったお金を開発資金に充てたことで、資金が調達できたのです。なお、インターネットのDNSもICANN*という非営利団体が運営管理を行っており、その点も参考にしました」

＊インターネットのドメインは米国国防総省の管理下に置かれていたが、現在は国際的な非営利団体ICANNが管理を行っている

「最初にENSをローンチしたとき、すぐに30万〜40万くらいの登録数になりましたが、実際には8割くらいの人が使っていないということが分かったので、年間登録料を徴収するように変更したのです」

「そのような経緯があったので、1年後の登録数はガクンと減りましたが、更新切れで再登録可能になったネームを他の人が登録できるように

したり、一般にも有名になってきたりしたので、徐々に登録数は回復しました」

「もともと、TNLというシンガポールの会社自体がノンプロフィットで設立していますので、株主がおらず、ディレクターしかいません」

「イーサリアム財団の助成金で会社を設立したので、会社の構造上株式がありません。VCを入れるのであれば、もう1回新しい会社を作り直さないとできないという話はありましたが、実際にVCから資金を調達するという話は今まで1回も出ていません」

「そういう思想ではあったものの、登録料を取っていない頃は売り上げがない中でどのように持続させようかという話にはなりました。最初考えていたのは、結構いろんな非営利の財団でメンバーシップの登録料を企業から徴収して、長らえているところが多かったので、それに近いことを考えていました」

井上氏の以上の発言は、資金調達、組織の設立運営という点で、非常に興味深い示唆を含んでいます。第一に、ENSを提供するTNLの設立には、VCやICOによる資金調達でなく、助成金が利用されているということです。インフラ的な事業特性を踏まえ、DNS組織も参考にし、TNLは非営利の組織で運営されています。「非営利」の意味、また非営利組織の設立や運営は、海外諸国と日本で相違があり、そのまま日本で適用できるとは考えられませんが、参考になります。また、ショートネームのオークションによる資金調達も興味深いです。

一方で、登録料徴収は設立当初からではなく、実際の利用状況、買い占めへの対応から実施されたとのこと。この変更で登録数が一度減少しましたが、知名度向上もあり登録数は再度増加し、結果として登録料収入は組織運営に役立ち、同時に組織のプレゼンスや価値向上につながっていると言えます。

資金調達や組織の設立運営については、当初から意図して実行した部分の他、試行錯誤で実施した部分がありますが、結果を見れば全体としてうまく進んでおり、事例として参考になります。

ベストプラクティスを活用してのDAO化

ENSの運営をDAO化する検討が進められ、井上氏はその中で中核的な役割を果たしています。なぜDAO化し、DAO化はどのように進め、DAO化した後のTNLとの関係はどうなっているのでしょうか。

「2017年ごろから、毎年DAO化するかしないかみたいな話がちょこちょこ出ていて、ずっと考えていました。2021年になると、DAO自体もツールも組織の前例もいろいろ出てきて、成熟してきたと判断し、そろそろいいかなという感じで、DAO化しました」

「他の会社ではトークンを資金調達の一部としていますが、自分たちは全然資金調達のためには換算していません。VCが入っていなかったですし、そもそもトークンを売っていません」

「自分たちには資金調達より別の問題がありました。2021年の2月か3月くらいにNFTがブームになった時、ENSは古参のNFTだとみんなに気付いてもらいました。そうした流れが追い風になり売り上げが増えてきて、夏ごろには１カ月に100万ドルを超える登録料があり、その売り上げをどうしようかという問題です。それまでは、スマートコントラクト上に、ずっとお金がたまっていったのです」

「TNLはもともとノンプロフィットで始まっているので、全部開発費に回すよりも、もっとコミュニティーにお金を使って巻き込んでいく方がいいという考え方があったのです」

「そこで、どちらかといえば、公共財やコミュニティーへの分配を兼ねて、DAO化していくことになりました。あくまでトークンは、ネットワーク運用や開発についての方針をホルダーによる投票で決定するガバナンストークンです」

「まとめると、DAO化した理由は時代が追い付いてきたから。2020年くらいからのDAOのベストプラクティスを全部使ってDAO化した、という認識です」

これら一連の経緯で興味深いのは、通常であればトークンの価値を上げるのにどうすればよいかと議論されますが、そうではなく、登録料がたまってそれをどうするか、という議論があったことです。また、TNL自体が非営利組織であることから、DAO化に当たってはコミュニティーへの還元という点が重視されました。これらは、一般的な株式会社からの組織の分離、独立といったことから見ると特異ですが、Web3的な事業やTNLの特性から考えると、必然性のある意思決定と言えます。

デジタルID、アイデンティティーとENSの活用

ENSの登録数・利用者数は増加していますが、ユーザー視点で見た使い勝手や利便性はどうなのでしょうか、またセキュリティー面に不安はないのでしょうか。

「NFTのアーティストの方たちによく言っているのは、なるべく『ENSのプライマリーネームでやってください』ということです。どこのプラットフォームに出すかではなく、どのアドレスでNFTを発行するかを重視してもらいたいのです。NFTをミントするアドレスを同じにしておけば、どのプラットフォームに行っても、この人がミントしたという証明ができます。いわば電子署名のシステムが組み込まれているわけで、そこにすごい意味があると思っています」

「自分たちのメンバーに、あるSNSをENS名でシェアする人がいます。これはSNS名を.eth名にするというもので、以前からやっていて、結構火が付いてきました。parishilton.eth*が有名です。Web3でインテグレーションしていなくても構わなくて、そのSNSとNFTマーケットプレイスは技術上統合されていません。ただ単に名前だけで、この人の持っているNFTコレクションを見ようと思ったら、NFTマーケットプレイスで見ることができます」

＊Paris Hiltonは米国の実業家、ソーシャライト、テレビ番組・メディアパーソナリティ、モデル、女優、歌手

「ユーザー名のプロファイルのところを変えるだけです。フェイクされたらどうするんだという人も出てくると思いますが、SNSの自分の

プロファイルは、自分を宣伝する場所です。パリス・ヒルトン（Paris Hilton）が自分のSNS名を変える理由はありません。クリプトのインセンティブがあって、自分の名前でやらないとあまり意味がないのです」

「この前面白かったのは、max3.ethを調べたら、結構フェイクしている人はいて、あるSNSで検索すると10人くらい出てきました。実際に認証しようとすると、ENSでイーサリアムアドレスをひも付けできますが、他の情報もひも付けできて、そのSNSと一応相互で認証していることになり、それで証明は可能です」

「より厳密なプロトコルもありますが、サーバーを使うのであれば、その認証も必要になります。競合でそれをやっているところはありますが、中途半端なので自分たちはやらず、単に相互にひも付ければ可能というソフトな認証方法を取っています。それで結構いけるところがあって、今のところはこれでいいと思っています」

ENSに移った時のモチベーション

井上氏がENSに関わる前、イーサリアムベースのイベント管理サービスを行うスタートアップ企業（Kickback社）も立ち上げていました。その点を含めて、自身のモチベーションは金銭的な面、その他を含めて、どのようなもので、立場や状況が変わりどう変化しているのでしょうか。

「今もKickbackという別のスタートアップ企業をやっています。2016年からはイーサリアム関係のことを趣味プロジェクトとしてやってきましたが、そろそろENSに100%従事したいと思っています」

「もともとTNLからは、フリーランスでどうかと言われて加わったのです。Web3の人は、複数のプロジェクトを兼ねている人が多く、いくつか興味があるうちの一つがENSという場合が多いですね。ENS自体が盛り上がったので、今はもうほとんどENSメインでやっていますが、そういう感じでたまたまだったのです」

「Web3ではICOとかしない限りもうかるという認識はなく、金銭的なモチベーションはあまりなかったです。ENSはICOをしないというのは、かなりそういう感じの雰囲気だったので、別にこれでもうかるとは全然考えていませんでした」

「それよりも、ニック・ジョンソンという開発者がすごく優秀で、彼と一緒に仕事をすることに対してモチベーションが湧きます。The DAO事件*があったとき、ちょうどニック・ジョンソンはイーサリアム財団にいて、The DAOの救出に携わりました。イーサリアムの創成期から関わっていて、技術力はすごかったです。彼と一緒に仕事をしたら自分の技術も上がると思ったことが大きいです。お金よりも技術力を高められることに一番引かれました」

＊2016年5月にICOを開始した「The DAO」が、システムの脆弱性を突かれ、集めた資金の1/3以上になる約360万ETH、当時の価格で約52億円相当が盗まれた事件。「The DAO」は組織名

「日本はどうか分かりませんが、海外ではフリーランスの方が正社員より給料がよ良い場合が多いです。自分の場合、通常のフリーランスのソフトエンジニアがもらっているくらいの給料をもらえて、ENSに興味があって、技術の向上があって、そうしたことがごちゃ混ぜになっている

感じでTNLに加わることを決めました」

井上氏にとってのモチベーションは、お金以上に興味や技術の向上への意欲だということです。特にニック・ジョンソンという個人に会ったことが大きかったと言えるでしょう。Web3の人材は、複数の組織やプロジェクトに関わっているという指摘も興味深いです。日本の現状や日本人の意識と異なる部分が大きいですが、Web3時代の働き方を示唆しています。

ENSの課題とDAO化の在り方

ENSやDAOにはどんな課題があるのでしょうか。また、ENSの提供を担ってきたTNLとの関係に問題はないのでしょうか。

「今、ENSの一番の問題は、登録料ではなく、ガス代が高いことです。平均するとガス代は70ドルくらいかかります。ガス代がかからないチェーンでやっている競合もあるので、自分たちも解決方法を考えています。レイヤー2を使う方法があるので、その仕事に自分は今メインで関わっています」

「他の課題として、DAOとどうやって折り合いをつけるかがあります。DAOは2021年11月に始まったところで、今までTNLが全部やっていましたが、そのうちのどの部分をコミュニティーに明け渡していくかが重要になってきます」

「自分たちが変わっている点は、収益ポイントというか、登録料、普通のプロトコルの使用料を全部DAO側に渡していることです。今のところはまだ前回のネームオークションした時のお金がありますが、1～2年でお金が尽きる可能性があります。すると、TNLがDAOにお金をもらうという立場になります。そこは透明性を担保しつつ、スピードを重視したいです」

「今のところ、コアのプロトコルの開発は自分たちでやりたいですが、もっとコミュニティーにお金を渡し、ENS DAOトークンをインセンティブとして盛り上げてもらいたいという思いがあります」

「DAO化した時に13万人くらいの人にエアドロップしましたが、その人たちのうち6万人くらいがDiscordに入ってきました。そのうち今でもDiscordでアクティブなのは200～300人以下で、本当にDAOでアクティブなメンバーとして活躍している人となると100人を切ります」

「自分の肌感覚なのでひょっとしたらもっと少ないかもしれないですが、実際に今DAOでお金を払ってパートタイムでやる人となると、100人もいなくて、多分50人を切るでしょう。本当に少ないので、今DAOにトークンの資金管理、財務管理の機能はありますが、それを一気に渡すのではなく、いかにコミュニティーの人を活用するかということがポイントです」

「難しいのはDAOのトークンはガバナンストークンで、もらってすぐ売る人がいるとトークンの価格が下がることです。その対策としてワークグループを発足させ、ワークグループごとに予算を決めて進めています。それもイーサリアムベースの米ドル連動型のコインUSDCでもらうか、ETH（イーサリアム）でもらうか、ENSトークンでもらうかの3つから選んでくれと言っています。もしすぐに使うのが目的であれば、USDCやETHでもらったらいいし、長期的にインセンティブとして持っておいてくれる人に対しては、ENSトークンを渡した方がいいということもあります。誰に何をどういうかたちで渡すのが一番フェアかという、金銭的補償については、ツールはできていますが、本当にまだ模索中です」

「トップダウンなDAOがあれば、ボトムアップなDAOもあります。ENSはDAO化が始まったばかりですが、TNLという強力なリーダーシップがあるので、トップダウン的な組織と言えるでしょう。ただ、変えていくことは必要だと考えていて、そのあたりは自分も習いながらみたいなところで、みんな経験値がまだ半年から7年以内なので、本当に3歳児が2歳児を教えるみたいな状況でやっています。なんとか2022年いっぱいで、折り合いをつけられるようになっていけばいいと思っています」

DAOは分散型自律組織として望ましい形態とされるものの、既存組織からの権限移譲、もしくは役割分担については、いろいろな課題があるようです。その中で特に重要なのは、DAOに関わるメンバーのインセンティブの在り方です。表面的なメンバーの多くは経済的、金銭的な部分への関心が強く、DAOの運営については、権利があってもモチベーションの高いメンバーは非常に少ないと明かしてくれました。金銭的な面についても、トークンを受け取ってすぐに換金してしまって売り圧となってしまい、長期目線でプロジェクトを考えるユーザーは必ずしも多くないのが現実なので、折衷案としてUSDCやETHでの支払いがオプションとなっています。

またこれらの事例からも分かるように、Web3のトークンエコノミクスの中核になっているトークンの実態は、株のように長期的なリターンを期待するストック型資産であると同時に、給料の支払いや助成金の支払いにも使える日常使い的な要素も兼ね備えていますので、単純に株の置き換えではないことが分かります。

井上氏自身のポジション変化と組織のインセンティブ方策

DAOの課題として、運営の継続とインセンティブ方策の在り方が重要だと示されました。これらは、井上氏自身がコアな開発者の立場から、DAO化を進める組織の中核的な立場になったことの影響も大きいと考えられます。ENSの特徴といわれたフェアローンチの詳細を含め、組織の金銭的なインセンティブの在り方について、話してくれました。

「アナリティクスを見るとすごくお金を持っているように見えるものの、絵に描いた餅ではないが、そのままでは使えないお金で、それはWeb2.0と同じだと思います。例えば米国大手IT企業の創設者が何兆円も持っていると言われていますが、多分ほとんど株です。コアになればなるほど、株をたくさん持っているけど売れない、一気に売ると目減りしてしまうということがあります。コアな人はバランスを取らないといけませんが、末端でただエアドロップをもらっている人はそういうのがないから、すぐ売ることができます」

「コアな人はガバナンス面で重要で、売ってしまうと一獲千金になるとは思いますが、ガバナンスにおけるパワーもなくなってしまいます。だからこそ面白い世界なのです。今までは一獲千金になるのは創業者の数人程度でしたが、自分たちの場合、Webサイトを翻訳した人だけでも1億円ぐらいのエアドロップが落ちたみたいなことがあったようです」

「ENSのエアドロップの配分の仕方は少し独特で、翻訳の人が0.05％です。普通の人たちは、名前を持っていた期間に応じて配分されています。例えば1人が100個名前を持っていようが、1個名前を持っていようが、エアドロップの数は同じです。しかし、2018年のローンチの時から名前を持っていて、さらに8年以上で更新する人が最もトークンのアロケーションが多いというルールにしています」

「長い期間名前を使ってくれる人にたくさんトークンをあげているほか、エコシステムに初期から貢献してくれた人、開発チーム、いろんなインテグレートをしてくれた人など、100人くらいの人には個別に配布しています。翻訳してくれた人はENSネームを持っているかもしれないし、ただ翻訳だけでもらったかもしれません」

井上氏の話の中で重要なのは、創業者やVCだけに大きなチャンスがあるのではなく、初期から関わっていたコミュニティーや開発メンバーにも大きなチャンスがあることです。これは、Web3でたびたび話題になるインセンティブ革命です。多くのWeb2.0のプロジェクトでは初期メンバーでも重要な役職付きでない限り実際に持てる株はさほど多くないですが、それと比べると、Web3では思わぬリターンを得られることがあります。それがWeb3の魅力でもあります。

一方で、「プロジェクトに深く関わりたい人ほど、トークンを持っていても売れない」という点はとても重要な指摘です。現在の日本の税制がWeb3と非常に相性が悪い理由の一つが、この点にあります。DAO投票をするには自分のウォレットにトークンを保有していないといけないので、Web3プロジェクトの運営は一定数以上のトークンを運営自体が常に保有し続ける必要があります。ところが、この運営が保有しているトークン自体に含み益課税が発生すると、課税分を納税するためにトークンを売却せざるを得ず、運営によるトークン売却が大きな売り圧となる上に、運営の意思をDAO投票で発揮することもできなくなってしまうのです。

DAOとTNLの役割と意思決定における課題

TNLとDAOの役割分担や権限移譲は重要な課題になります。実際、TNLの主要メンバーが起こした問題などがありますが、権限移譲や役割分担がうまく進めば、新しいDAOの在り方の先進事例ともなります。これらの点を含め、井上氏の見解を伺いました。

「DAOの法的組織体は、ケイマン諸島にあります。法的組織のないDAOもありますが、自分たちの場合はそうするとDAOの収入に対し課税されるので、ケイマンだったら課税されないということから、法的組織体を置いています」

「TNLはシンガポールに拠点を置く会社で、ENS DAOからは一定の独立性を保持しています。TNLの人事権をDAOに委ねるとは規定されておらず、人事に関してはTNLのチーム内で決定しています。しかし、TNLの主要メンバーが過去のヘイトスピーチツイートが原因で解雇されるという問題が起きました。彼自身は既にTNLとの雇用契約は切れていますが、トークンのデリゲート（代表者）システムのナンバーワンホルダーであり、DAOのディレクターでした」

「その問題に対処するために、スナップショットという投票アプリを利用して選挙を実施しました。項目は二つあり、一つは彼をディレクターからリムーブするかどうか、もう一つは次のディレクターを誰にするかということです。DAO投票の結果、ディレクターからリムーブできない結果となったのです。DAOの投票なしに勝手に解雇すれば、ENSが分権化されていない証拠だと批判されます。しかし、対象者は仕事をしておらず、SNSアカウントもフリーズしていて、コミュニケーションが取れません。選挙では一番投票数を持っている本人が反対しているのです。ニック・ジョンソンは三番目か四番目の投票数を有していますが、利益相反もあるので棄権しました」

「こういった状況は全く予想しておらず、こういう問題を含めて、いかにDAOと共存していくか、ということが課題です。普通の政治と同じように、投票者の心理や投票される側の根回しなどもあり、さまざまなことが起こります。ただ、普通の政治と違うのは、ツールを利用し、履歴を含めて全部可視化されているので、それを利用した解析ができることです」

以上の話は、DAOとTNLの役割分担、意思決定に関わる課題を示しています。少数の大口議決権保有者がかたくなに提案を拒否し、なおかつ対話もできないと膠着状態になるのは多くの株式会社で見られた光景です。Web3になったからといって人は急に進化しないので、政治的対立が随所で発生するのは避けられないでしょう。しかし、DAOにおける意思決定は履歴を含めて可視化されますので、この点は、Web3時代の組織の在り方として重要で、Web3のメリットと言えるでしょう。

10年後の将来像

個人として、また組織として、10年後の将来像を伺いました。

「個人としては、最近絵を描くことにハマっていて、それをいくつかNFTで出したいです。NFTで出しても恥ずかしくないような絵が描けたらいいと思っています」

「ENSの視点では、インターネットの世界で最も長く使われ続けているDNSのような存在になることを想像しています。10年後にもしWeb3がもっと身近なものになっていれば、ENSでみんなが名前を持っているという状況です」

「DNSの名前自体をENSにすることは可能で、例えばテックジャイアント自体がENSの名前で、自身にお金を送るといったことが技術的にはできています。10年たったら、Web1.0、Web2.0、Web3の世界がもっと身近に一緒になっている世界になると思っています」

ENSの利用が拡大し、インターネットのDNSのように基盤システムになっている将来像が描かれています。ENSはWeb3のみで使用するのではなく、Web1.0、Web2.0、Web3の世界が一緒になり、またつなぐという点も分かりやすいです。

DAOと企業の共存に見る Web3時代の新しい方向性

DAOと企業の役割分担、またDAOによる意思決定やプロセスは、前述したような課題もある一方で、コミュニティーの参加、スマートコントラクトによる客観的な意思決定に加え、透明性の確保が可能な点が示唆されました。この点について、もう少し詳細に伺いました。

「Web2.0の時代は、本当にその会社に都合の良いデータしか公表されないですが、Web3の世界になると、虚実織り交ぜて全データがダダ漏れしている状態になります」

「DAOの投票は、どう聞くかで投票結果は変わります。一つの例として、独自のツールを作っている会社が、いきなり『4億ください』ということがありました。YesかNoでの投票なら否決されると思いますが、いくらならいいかと聞けば結果は変わってくると思います。誰が最初にサポートアナウンスをするかによってもすごく影響があると思いますし、そういう操作というかいろいろな影響力が出てくるでしょう」

「そうした面はあるものの、自分は、スマートコントラクトでロジックを定義でき、透明性が確保されるのは良いことだと思っています。個人的には、非中央集権的、自律分散的というよりも、透明性の確保は重要で、どのようなチェーンでもそれができればいいと思います」

「DAOは組織形態や意思決定に人間が関与していますが、すごいDAOでは、オンチェーンでお金のフロー、誰に何がどう言ったかというのがすべて分かり、革新的です。よく『DAOにする意味があるの』と聞かれますが、透明性が担保できるだけでも意味があると思います。一方で、透明性の先に何があるか見えない部分があるのも事実です」

「自分たちもワーキンググループに対して、1回1回お金のことを聞くのは面倒くさいです。ワーキンググループごとに分けてバジェットとすると、ワーキンググループに行くまでのお金は分かりますが、そこからどこに行ったかは分からないです。オンチェーンで最終的にお金が行けば分かると思いますが、なんとかなるという感じで、面白い世界です」

問題はある一方で、Web3の組織におけるデータの履歴、意思決定の透明化を大きなメリットと指摘しています。これはWeb2.0時代の組織運営、意思決定、情報公開と比較して重要な点です。DAOについては、自律分散、非中央集権的というメリットが強調されますが、それのみでないことが分かります。すべてのデータが改ざん不可能な状態で公開されていますので、第三者が分析・検証できるようになったことの重要性は、時を経るにつれて大きくなっていくでしょう。

本章のインタビューのまとめを示します（**図表7-1**）。ENSはWeb3のメリットを生かしつつWeb1.0/2.0の領域に拡大し、オープンソース化が進めば、多くの企業や組織がWeb3の世界に参入できることになります。また、組織形態、意思決定の仕組みは、しばらくの間はDAOと企業が連携し役割分担をすることで、それぞれの特徴を生かすことが指向されています。ENS自体が非常に公共性の高いサービスなので、DAO化することで、意思決定やプロセスの履歴が明確になり透明性が担保されるメリットが想定できます。現実的な課題はありますが、試行錯誤しつつ、最適化された結果あるべき姿に近づくことが期待されます。

図表7-1　インタビューから得られたことのまとめ

分類	目指す将来像	Web 3のミッション	課題と対応策
事業展開	Web1.0～3の統合と多くの企業のWeb3への参入（DNSの代替＋新規の市場の拡大）	パブリックチェーンのアカウントと個人をドメインによってひも付ける。Web3のENSを Web1.0/2.0に拡大可能	ガス代対策として、レイヤー2などに対応する。多くの企業のWeb3への参入促進のきっかけとなるインフラを作る
組織形態	DAOと企業の共存に見るWeb 3時代の新しい方向の構築	組織の意思決定、その履歴の透明性確保。コミュニティー参加による意思決定と永続性の確保	DAOと企業の役割分担の決定（人が関与）。DAOにおける意思決定（ガバナンストークンの持分との関係）

第

8

章

日本のIP、Web3へのアプローチ

interview with Minto 水野和寛

text by 馬渕邦美

日本はアニメ、ゲーム、キャラクターといった国際競争力を有するIPコンテンツを保有しており、NFTビジネスやメタバースなどのWeb3において、国内のみならず、海外に展開して世界をリードできるポテンシャルがあります。ただし、それを実現するには、Web3に対応できる技術力、IPをビジネス化する展開力やコラボレーション、法規制への対応、それらを実現する人材など、多くの要件、課題への対応が必要です。本章で登場する水野和寛氏は、モバイルコンテンツ開発、スマホゲーム開発、キャラクターライセンスビジネスの経験があり、2022年にはライセンシングインターナショナルジャパンの理事にも就任しています。

水野社長の経歴と会社の動向

水野氏は、2011年に設立したクオン社の代表取締役を経て、現在は2022年1月にwwwaap社と経営統合したMinto社の代表取締役です*。

＊株式会社Minto、「会社概要」、https://minto-inc.jp/29f610be3bca445faa854408ccd4a5f1 （2022年4月8日閲覧）

クオン社は、グローバルでのキャラクタープロデュース事業を展開し、LINEや、米国・中国のSNS企業などと提携してきました。これらのサービスを通じたスタンプの累計ダウンロード数は50億件を超え、ライセンスビジネスをアジア圏に広げ、日本、中国、タイ、ベトナムに拠点を構えています。wwwaap社は、250人以上のSNS漫画クリエイターとの広告コンテンツを主要な事業とし、クオン社と同様にユニークなポジションで会社を成長させていました。

経営統合後のMinto社は、クリエイターと共にコンテンツを作っていく会社と定義して事業を進めています。日本には漫画、アニメ、キャラク

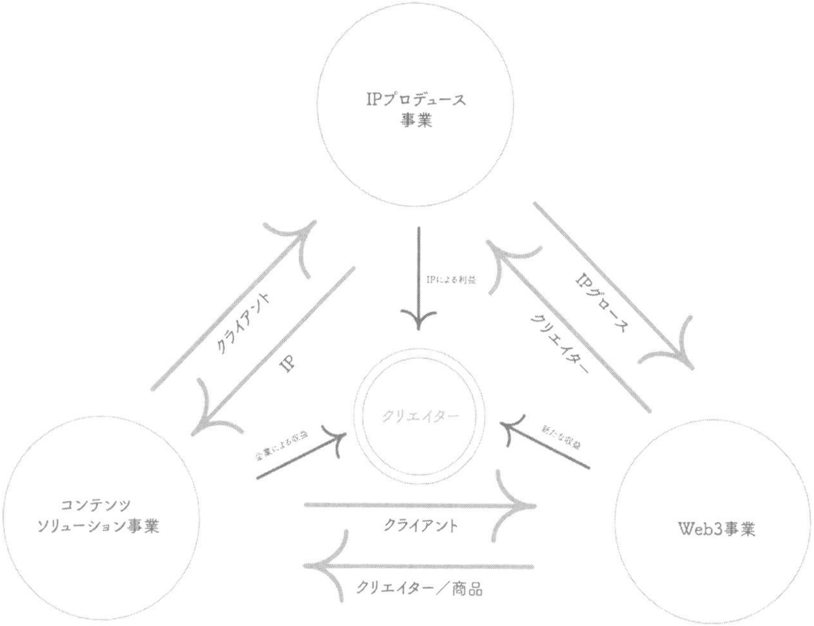

図表8-1　Mintoの想定する事業の概念図
出所：株式会社Minto、「【経営統合しました】日本発クリエイターエコノミーを創り、世界にコンテンツを広げたい」、https://note.com/quan_official/n/nffd69f391e6d　(2022年4月23日閲覧)

ターなどのジャンルにクリエイティブな才能が集まっていると信じ、その市場に経営統合後も注力していくとしています（**図表8-1**）。

多彩な経験を有する水野氏の経歴そのものが、Web3分野の動向と日本の可能性を示しています。

水野氏の最初のキャリアは、『DTMマガジン』というコンピューターミュージック雑誌の編集者でした。その会社がモバイルコンテンツを作る会社に事業転換し、そこで、着メロやデコメのようなコンテンツを作るコンテンツプロデューサーをしていました。その後スマホが出てきて、スマホ向けアプリケーションを多数作り、いわゆるカジュアルゲームでいくつかヒットを出しました。例えば「Touch the Numbers*」は、2010年に日本で一番ダウンロードされたゲームです。そういったカジュアルゲームを含むコンテンツをスマホの初期にプロデュースしていたのです。

＊画面上に1〜25まで表示された数字を順番にタッチし、すべてをタッチする速度を競うゲーム

2011年にクオン社を設立し、最初はチャットアプリを作っていましたが、LINEや米国のSNS企業などのメッセンジャーアプリが出てきて、メッセンジャーやSNSの分野にとどまるのは難しいと考え、改めてコンテンツキャラクター領域にフォーカスします。一番そこでうまくいったのが、スタンプを軸にしたキャラクター展開です。

スタンプに関しては米国、中国、韓国のSNS企業、Zalo（ベトナム）、Hike（インド）など、世界のメジャーなチャットアプリと提携し、コンテンツを提供しています。スタンプの総ダウンロード数は世界一とされ、累計50億ダウンロードを超えています（**図表8-2**）。

そこで得たSNS上の認知をもって、キャラクターライセンスビジネスを広げたのが、この数年間の取り組みです。水野氏らが作ったキャラクターはかわいく親しみやすいものが多く、東アジア、東南アジアを中心に、ライセンス展開が進んでいます。日本以外に中国、タイ、ベトナムに支社を作って、そこでライセンスキャラクターを展開しているところです。

Web3は2018年から手掛け、やり始めたら思った以上に深みがあると感じ、現在は、「IP×ブロックチェーン」「IP×NFT」「NFT×メタバース」に力を入れているとのことです。

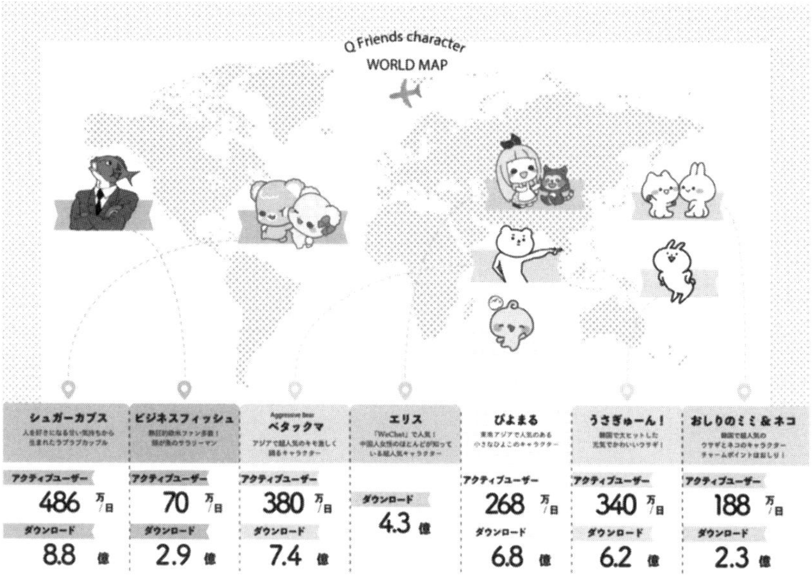

図表8-2　Minto（旧クオン）のスタンプを軸にしたキャラクタービジネスの展開
出所：株式会社Minto、「【経営統合しました】日本発クリエイターエコノミーを創り、世界にコンテンツを広げたい」、https://note.com/quan_official/n/nffd69f391e6d （2022年4月23日閲覧）

NFTとの関わりから クリプトクリスタルが成功するまで

2017年、Dapper Labs社がCryptoKittiesというNFTゲームを出したのを見て、水野氏はNFTを手掛けようと考えたといいます。CryptoKittiesは、さまざまな種類の仮想猫を購入、販売、収集、繁殖できるオンラインゲームです。

ここから、水野氏へのインタビューで伺った内容をお届けします。

「SNS発のキャラクターを5年くらい手掛けています。TikTokなどのSNSからキャラクターを生み出すことなどをやっていて、トレンドを追いかけていました。SNSが最新のキャラクターを生み出す場だと思っていたのですが、全然違うところからIPキャラクターが生まれるのを最初に意識したのはCryptoKittiesです。2017年12月にそれを見て、ブロックチェーンとIPは相性がいいと思いました」

「そこで、自分たちでもIP×ブロックチェーンでプロダクトを作ってみようと、2018年5月、『CryptoCrystal（クリプトクリスタル）』という宝石をモチーフにしたキャラクターのゲームをリリースしたのです。ツルハシを使ってクリプトクリスタル（鉱石のキャラクター）を採掘し、育成し、他のクリプトクリスタルと交換するブロックチェーンゲームです」

「これまで、スタンプとか、SNS上の漫画とかも含めていろいろなキャラクターを出していましたが、クリプトクリスタルはゼロベースで完全にオリジナルのキャラクターを開発し、トライしました」

「また、画像以外のすべてのデータをオンチェーン上に乗せて未来永劫残す、パブリックなものを作るという思想で、クリプトクリスタルを作りました」

「ローンチ時には、どう注目してもらうかと考え、無償で配布するエアドロップのようなことを実施しました。15万人くらいの事前登録者を集め、話題になりましたが、実際に、クリプトクリスタルのNFTゲームを遊んでくれる人はその1/10程度でした。なので、ゲーム企画としてはうまくいったとはいえません。ただし、その時点で約1万2000点のNFTがブロックチェーン上に生み出され、これが後に生きてきます」

「そこから1～2年はクリプトが冬の時代で、厳しい状況でしたが、2021年になって、過去にブロックチェーン上に生み出されていたNFTが再評価される動きがあったのです。2017～2018年にリリースされたさまざまなNFTのプロジェクトが『OGプロジェクト』（オリジナル・ギャングスター・プロジェクト）と評価され、クリプトクリスタルも元祖のようなプロジェクトと評価され、もともとのデザインやイラストのクオリティーの高さもあり、日本発のプロジェクトでは最も高く評価されました。今は、クリプトクリスタルのNFTが二次流通、三次流通、四次流通という形で盛り上がっています」

クリプトクリスタルの事業展開とCC0採用の背景

2018年に立ち上げたクリプトクリスタルは、2021年のNFTブームで注目され、同年の7月ごろから非常に伸び、オープン市場でトレンドになります。累計で5億数千万円の流通総額になっています。

クリプトクリスタルの特徴はCC0（クリエイティブ・コモンズ・ゼロ）を取り入れていることです。CC0とは、著作権保護コンテンツの作者・所有者が、著作権による利益を放棄し、作品を完全にパブリック・ドメインとすることを可能にするものです。CC0によって、著作権による制限を受けることなく、自由に作品に機能を追加し、拡張し、再利用できるようになります。その背景や根本にある思想を、水野氏は以下のように述べています。

「そもそも可能な限りオンチェーンで完結させるプロジェクトにしたい

という思想で作り、パブリックであることを意識していました」

「2019年や2020年はなかなか厳しい状態でしたが、2021年になってクリプトクリスタルの価値が再度評価された時、改めてDiscord上にDAO的なコミュニティー組織をつくりました。今は5000～6000人のコミュニティーです。そこでやりとりし、コミュニティーのメンバーがクリプトクリスタルの価値を高めるために活動しやすいような状況をつくっていこうという話をしました」

「自分と一緒に最初から取り組んでいる仲間や、Discord上のコミュニティーと話をしていく中で、キャラクターやIPをもっと自由に使っていきたいとか、盛り上げるために使わせてほしいといった話が多くありました。そこでCC0にして、キャラクター自体の価値をいったん手放し、イメージとしてはコミュニティーに渡して、そのコミュニティーがより使いやすくすることで価値を上げていくかたちにしたのです。2021年の夏に、CC0にシフトしました」

「もちろんCC0が将来にわたっての最適解ではないと思っています。部分的な商用利用の開放など、新たにいくつかのIPを開発し、さまざまな取り組みを通じて、トライしていきたいと思っています」

Web3にするために最初からオリジナルで作ったIPだったからこそ、CC0にできたという面があります。また、クリプトクリスタルの作成におけるCC0の選択には、パブリックなものを作る思想があります。その思想の上に、ファウンダーやコミュニティーメンバーの考えも入れ、キャラクター自体の価値をいったん手放して、コミュニティーメンバーがキャラクターを自由に使えるようにしています。プラットフォーム的な部分の価値は手放しても、多くのコミュニティーメンバーの参加、ブランド価値の醸成、関連グッズ販売などで、より高い価値を創出しているとみられます。

なお、クリプトクリスタルのコミュニティーはDAOへと発展しており、それがコミュニティーメンバー間の交流や自発的組織運営につながっている点も注目されます。実際、ソーシャルメディア上やソーシャルネットワーキングサービスの運営、データ分析のための集計などはコミュニティーユーザーたちが積極的かつ自主的に運営に貢献しているとされ、プロジェクト進行の先端事例としても注目を集めています。

日本企業が保有しているIPとWeb3の相性

日本企業が保有しているIPとWeb3の相性について、以下の見解が得られました。

「CC0みたいな大胆な戦略は、Web3ネイティブのIPでないと難しいと思っています。既存のIPホルダーはIP自体をしっかりと守り、育成しながら、いかに有償でライセンスしていくかというのが、ビジネスの根幹だからです。CC0にしてしまってはライセンスを管理できないと考えます」

「一方で、ブロックチェーンの特性とライセンスビジネスはすごく相性が良いと思っています。従来、オフラインのグッズとかイベントとかは、ライセンスしていく過程のトレーサビリティーがなく、トラッキングできませんでした。またデジタルコンテンツは公式に二次流通させることはほとんどありませんでした。しかし、今後、ブロックチェーンをうまく使いこなせれば、誰がどういうふうにライセンスしてどのように使っていくかが見えるため、ライセンスの幅は広がると思っています」

「例えば、よく誤解されますが、基本的にはNFTに使っている画像自体は誰でもダウンロードできてしまい、ダウンロードされたコンテンツは違法で二次流通してしまいます。NFTの役割はコピーガードではなく、デジタルコンテンツの証明書です。今後は、証明書つきのデジタルコンテンツか否かで、評価や価値が変わる世界になっていくと思っています」

「また、NFT化でデジタルコンテンツの二次流通を促したり、価値を上げたりすることに加えて、グッズの製造から販売までのバリューチェーンで、ブロックチェーン技術を活用することができるようになっていけば、ライセンスビジネスに参入する会社のハードルを下げることができ、市場を広げられると考えています」

日本の企業が保有しているIPとWeb3の相性は良いといえるでしょう。

グローバル展開を目指す
Web3ベンチャーとの連携やIP戦略

海外の事例では、例えばスポーツメーカーがNFTに進出する際、BAYC (Bored Ape Yacht Club) という約1万点のキャラクターが高額で取引され、非常に人気の高いNFTを出しているIPとコラボしています。また、ファッションブランドの企業は最初にNFTを出すとき、人気アート・トイメーカーでNFTでの実績のあるSuperplasticとコラボしています。このように、海外ではブランド力のある大手有力企業であっても、単独で展開するよりは既存のWeb3のベンチャーと組み、Web3のユーザー層にアプローチする戦略が多いようです。

日本でもNFTを活用した事業が開始されていますが、国内向けが多く、このあたりをどう見るべきでしょうか、また、日本も海外と同じような方向に進むのかについて、水野氏に伺いました。

「Web3に限らず、Web以外のオフラインのマーチャンダイジンググッズの世界でも、コラボレーションはある種常とう手段になってきています。コミュニティーがすごく分断されて細かくなってきていて、どのコミュニティーにいる人に刺さればいいかということは有力なブランドも考えています」

「Web3というコミュニティーに対してアプローチするとき、先行するWeb3ネイティブのIPやコミュニティーと連携していくことは、当然ブランディングをより意識している欧米企業が先んじてやっています。日本企業も、今後おそらくより有名なブランドがNFTに進出してくるときに、Web3ネイティブの会社やIPともっとコラボしていく事例が増えていくと思います」

「本質的には、インターネットもブロックチェーンもグローバルに開かれている世界だと思います。そこで、戦略的にはグローバルを狙っていくことを大前提にやった方がマーケットも大きく、得られる対価も大きいです」

「一方で、日本のIPホルダーは、ある種法整備が整っていない状況で、また法律法務全体の対応力の点から、グローバルに出ていくのが難しいという状況もあります。その意味では、日本向けのプライベートチェーンのNFTやIPの展開はなされていくでしょう。それに対して批判的ではありませんが、プライベートチェーンの中で購入したり流通したりするNFTが、外の世界に広がっていくような構造に、将来的になってくれればいいと思います」

「海外の有力企業がWeb3の有力ベンチャーと組むのは、Web3やNFTに感応性の高い特定のセグメントをターゲットにしているからです。2022年現在では、どんなに知名度があるIPでも、そのIPのNFTを買うためだけに、NFTにもともと興味のなかった層にウォレットを開設するよう誘導するのは難しいという現実も透けて見えます」

グローバルにオープンに展開する指向で、Web3の特性を生かせるパブリックチェーンが活用されている状況が示されています。日本企業もNFTへの参入が今後増えていくと考えられますが、法整備という外部環境の問題、もしくは社内の法務機能の弱さから、国内向けが多く、ブロックチェーンも特定の管理者によるプライベートチェーンが多くなると見ています。しかし、プライベートチェーン上のみで展開するNFTは、Web3ならではの相互展開が難しく経済規模も小さくなるので、グローバルにIPを展開する場合、これらの課題への対応が必要と考えられます。

10年後に想定するビジネス展開

過去10年間を振り返りつつ、10年後の自社のビジネス展開について水野氏に伺いました。

> 「私が、SNS上でコンテンツやIP開発を手掛けて既に10年がたっています。個人的には、この10年で、もっとリアルがデジタルの世界に移行してくると思っていました。ところが、IPを軸にした事業でいうと、いまだにグッズやイベントなどのリアルの世界が強いです。売り上げ収益は、まだまだグッズやイベントが主です」

> 「ブロックチェーン技術によるデジタルコンテンツのアップデートや、メタバース上のリアルと同じような3D空間で人とコミュニケーションするという体験が徐々にできるようになってきています。今後10年で、ようやくリアルが本当の意味でオンライン上にシフトしていくと思っています」

> 「10年後、デジタル上で普通に洋服やグッズなどの物を当たり前に買って、そこに価値を見いだしているでしょう。そこで完全に生活するかどうかは別として、エンターテインメントの大半がデジタルシフトしているような状況になると期待しています」

水野氏の想定では、過去10年間にIPキャラクターのデジタル化はもっと進んでいるはずだったことが分かります。その要因としては、特にグッズやイベントではリアルを好む顧客層の嗜好などもありますが、デジタル技術の進展や外部環境、社内リソースの問題もあったと考えられます。その点、今後10年間は、メタバースやNFTを含むデジタル技術の進展で、グッズ販売のみでなく、仮想空間での生活やコミュニケーションを含めて大きく変化すると予想し、また期待しているようです。

IPホルダーの視点での勝ち筋

メタバースはWeb3との関係でも非常に注目されています。グローバルな市場では、有力プレイヤーによるIP取得や活用、組織間連携などを含めて、IPのステージでの競争が激化すると考えられます。そのような中で、この分野で優位性を保つために必要なことは何でしょうか。水野氏の見解を伺いました。

「最終的にはお客さんが何を求めているのかという話になると思っていますが、IPホルダー側の視点で言うと、よりスピーディーに動いて勢いがあるWeb3のプラットフォームとどう組んでいくか、ということが大事だと思っています」

「Web3のプラットフォーマー、特にメタバースのプラットフォーマーをウオッチし、それぞれのメタバースのプラットフォームの特徴を見極めました。いくつかあるメタバースの中でThe Sandboxを選んだのは、『ボクセル』と呼ばれる立方体を用いた3Dモデルがあり、それがキャラクターにすごく相性が良かったからです」

「The Sandbox以外にもいろいろなメタバースプラットフォームが出てきて、自分たちも追い切れていないのが実情です。ただ、どのメタバースプラットフォームが勝つかというより、複数のメタバースプランニングが出てきて、その中でそれぞれの特徴を生かしたコンテンツやコミュニティーができてくると思っています。IPホルダーの視点で言うと、そこにどうフィットさせるコンテンツを提供するかであり、誰とどう組んでいくかというところで、自分たちのブランドをより高めていくことをしっかりとプレゼンスしていけばいいと思っています」

「メタバースの世界では3Dで表現することによってモノ感が出るので、日本のコンテンツの価値がより高くなっていくと思っています。モノっぽいNFTの方が、画像で表現するNFTよりイメージが付きやすいと思います」

多様なプラットフォームが提供されつつあるメタバースでは、コンテンツに合うプラットフォームの選定、逆にプラットフォームに合ったコンテンツの制作や、それを実施するためのコラボレーションやコミュニティー形成が重要と見ています。日本のコンテンツは3Dで表現することによるモノの表現などで優位性があるというのも、一つのヒントになります。

日本にはアニメ、漫画、ゲームなど、たくさんのコンテンツがあるので、それらを世界に持っていけばいいという考え方があります。その点についての考え方を伺いました。

「半分正しく半分間違っていると思います。日本で売れないから世界でやってみようという話は結構ありますが、それは大体うまくいかないですね。日本で勝ち筋がないから世界に行って勝ち筋をつくろうというのは難しくて、世界で認知を高めることの方が当たり前ですが難しいです」

「オリジナルでやるなら、もともと日本であろうが海外であろうが労力は変わらないので、最初からオリジナルIPを海外向けにつくるのはありだと思っています。いずれにしても、どういうふうにトライしていくか、どういう手を打つか、どうチャレンジしていくか、といった話になります。既存のIPについては、日本でダメだったから海外に行くというよりは、そもそも海外にファンがいて日本にもファンがいてというのがセットでないといけなくて、その上で、どのように進めるかを見極める必要があります」

「海外のWeb3のプレイヤーとは、なかなか会話が成立しないことがあります。自分たちが間に入ってやらせていただくケースは結構ありますが、Web3プラットフォーマーのスピードに日本のIPホルダーがついていけないケースが多々見受けられるのです。Web3のプラットフォームと協業するなら、スピード感がすごくポイントになります。それは、他の国のプレイヤーと比較したときに、日本の遅さはIPホルダーとしてすごく感じる部分です」

「日本で良いIPを持っている方々がもし相談に来られたと想定すると、当然ながらWeb3の世界なので何が起きるか分からず、権利侵害も含めてリスクがある前提で、それでもやるという意志と、スピードを持って対応できるかがすごく大事です。そもそもIPホルダー側がメタバースやWeb3に興味があって、さらに協力しようとしないと、ただIPを渡すだけではうまくいかない気がします」

当然ながら、日本で通用しないIPやコンテンツを海外に持っていっても通用しないし、当初から海外にも展開することを想定したIPやコンテンツ作成は必要との見方です。また、海外のWeb3プラットフォーマーのスピードに日本のIPホルダーが対応できることと、意志や熱意が必要だということが示されています。特にWeb3ではIP側からコミュニティーへの自発的な発信がとても重要になりますので、コミュニティーという概念自体をどう日本企業にインプットするかが今後重要になるでしょう。

Web3企業としての事業展開の方向と日本の法制に望むこと

水野氏の会社の事業展開、また日本で事業を継続する場合の日本の法制度の課題や改善を望むことについて伺いました。

「自分たちの会社は、もちろんWeb3事業をこれからも伸ばしていきつつ、Web2.0のSNSの漫画・キャラクター領域にも引き続き注力していきます。そこに多くのユーザーがいるからです。Web3に特化しないという意味では国内に本社を置いて事業を展開していくでしょう」

「一方で、法務、税務を含めて日本の会社であることによる不利はかなり感じています。そこで、今持っている海外法人をもっと活用したり、新しく海外法人をつくったりして、日本のユーザー向けではなくて海外のユーザー向けにコンテンツを提供していくことを考えています。クリプトクリスタルのときは、日本のユーザーを最初ブロックして海外向けに事業展開していました」

「Web3関連企業として、日本で継続的に事業を行うために、日本の法制面で望むことはあります。例えば、トークンを発行するのは実質的に暗号資産交換業者と組むしかありません。今後世界的に規制がかかっていくとは思いますが、現時点では海外プロジェクトが自らトークンを発行できるというのは、正直うらやましいです。いわゆるガチャに相当するような方式でのコンテンツ販売も同様です。そのあたりが少しずつでも、全部は難しいにしても、グローバルプレイヤーが戦っているルールと同じようなルールに変わっていってくれるといいと思います」

事業領域や事業手法は、Web3の事業に注力しつつ、Web2.0のSNSでの漫画、Web1.0やオフラインでのキャラクタービジネスなど、それぞれに合わせた事業を実施するとしています。対象国やユーザー、また提供製品やサービスの特性を考えれば、当然でしょう。現在でも中国、タイ、ベトナムでの自社拠点があり、海外の提携先でのサービス採用や提携の拡大は見られますが、会社自体を完全に海外に展開することは考えていないとしています。ただし、NFTを利用する場合のコンテンツ販売や配布に関わる法務、暗号資産への課税などの税務を含めて日本の会社であることによる不利があり、既存の海外法人の活用や新規海外法人の設立は有効であるとしています。

日本での事業継続を行う想定での日本の法制度への要望としては、①法人保有の暗号資産への期末課税、②プロジェクトオーナーが発行したトークンへの課税方式の改善、③NFTでガチャに相当する方式でコンテンツの販売や配布を行う際の、賭博関連の法律解釈の整理への対応を求めています。

日本のIPの可能性と課題、Web3企業との連携の必要性

日本のIPが海外展開できる機会があるのか、海外のWeb3プラットフォーマーからどう見られているのか、実際にどのような動きがあるのか、といった点を伺いました。

「Web3のプラットフォームがたくさん生まれているので、各プラットフォーマーはユーザーを集めたい、価値があると表現したいと考えてお

り、日本のIPがとても必要になっていることは間違いありません。それらにどう向き合っていくかです。当然、経済的な話もありますが、プラットフォームの中でどういった表現ができるかという話も大事になります」

「実際、日本のIPに今はものすごく声がかかっています。このタイミングで、自分たちが優位に立ってプラットフォーマー側と交渉してポジションをつくるか、またその次につながるような展開をしていくか、そこが勝ち筋だと思います」

「この半年くらい、日本のIPホルダーに対してWeb3プラットフォーマーからのラブコールはたくさんありましたが、ほとんどの案件は止まっているのではないでしょうか。その間に、中国や韓国、それから東南アジアなど、日本のようにIPがない国のプレイヤーがどんどんとWeb3プラットフォーマーに申し込んでいる状況です。IPの強さでは日本の方が強いものの、Web3に寄り添い、Web3ネイティブのプレイヤーとガッチリ組んでいくという意識は、海外企業の方が強いです」

「新しいWeb3の価値を作っていく必要があることを考えると、スピード感や、自分たちなりにIPを新しい世界にフィットさせる展開力がポイントになってきます。そこがうまく進まないと厳しいです。自分たちもそうですが、日本の大手IPホルダーをもっと巻き込んで、グローバルに出ていくために、やらなくてはいけないと考えています」

「誰もが知っているようなIPがグローバルのNFTとかメタバースの世界に出ていくことによって、じゃあやってみようという会社がもっと増えるといいと思います。そこは実例をどんどんつくっていくしかありません」

Web3のプラットフォームが多数生まれている中で、日本のIPは強みがあり、実際に海外から声がかかっている状況ですが、スピード感やWeb3プラットフォーマーとの連携意識などから、実際には進展せず、その間に中国や韓国、それから東南アジアなど、日本ほどIPがない国のプレイヤーが積極的に動いているそうです。

実際、アジアを見渡せば、漫画、アニメ、キャラクター、ドラマなどのコンテンツ領域だけでも、グローバル展開するベンチャーが事業を広げていて、日本のコンテンツは世界最高と言える時間はもう長くはないのではないか、という危機感があります。

金銭的な面を条件に含んだ交渉による優位性構築やポジションづくりの必要性が説かれ、具体的な事例も示されています。また、Web3プレイヤーによる先進事例の蓄積、日本の大手IPホルダーを巻き込むことの必要性が説かれています。将来的に、日本のIP×日本のWeb3プレイヤーといった展開へ進むことが望まれます。

日本のIPのマーケティング

実際に海外に展開しようとしたとき、ユースケースをつくり、マーケティングを行うことは重要と考えられます。日本のIPホルダーがWeb3の特徴を生かしたマーケティングを行うには、具体的にはどのようにすればいいのでしょうか。

「日本のIPは歴史があり、価値あるIPを大切に扱いますが、マーケティングは海外のエージェントやパートナーに完全にお任せし、日本側でコントロールしてやったことがないとか、やり方が分からないケースが多いのではないでしょうか。そのため、自分たちがオーナーシップを持ってマーケティングを進めていこうとなったとき、苦戦しそうという印象はあります」

「日本にもWeb3の会社、Web3のマーケティング、コンテンツづくりがうまい会社がたくさんあります。そういった会社と一緒にグローバルを目指していけば、よりスピーディーに、コミュニケーションの密度も高くなります。国内のIPホルダーと国内のWeb3プレイヤーがもっと密に連携していくのがいいと思います」

「日本では、Web1.0以前につくられているIPがほとんどです。そのため日本のIPホルダーは、Web3に限らずWeb2.0とかSNSを使ってユーザーとコミュニケーションするのは得意ではないように思います。テレビアニメを見た反応などがSNS上にあっても、そこにIPホルダーが加わってコミュニティーをつくるわけではなく、一歩引いて見ているというのが今まででした。最近でこそ、SNS上でコミュニケーションを取ってIPを盛り上げていくことが行われていますが」

「日本のIPホルダーはWeb3に追いついていく中で、Discordを使ってコミュニティーをつくっているといった話は聞いたことがありません。そのため、そこに向かっていくための道筋を自分たちがつくり、そこに乗っかってもらうみたいなかたちが必要だと思っています」

「特にWeb3は、グローバル向けにやって当たり前というところがあります。日本は、グローバルマーケティングがそもそもあまり得意でない部分と、Web3のマーケティングが得意でない部分が両方重なっているので、やりやすいIPからトライしていくことになると思います」

海外展開を想定したマーケティングでは、海外のエージェントに任せるのではなく、日本側でコントロールもしくは主導権を取ることが必要と見ています。Web3のマーケティングについては、国内のIPホルダーとWeb3のプレイヤーが連携する必要性を挙げています。

Web2.0においても、SNSを利用してコミュニティーと連携してIPを盛り上げることは十分に行われていませんでした。Web3ではコミュニティーとの連携によるマーケティングは死活問題であり、プロモーションだけではなく、コミュニティーとの対話が今まで以上に必要となりますが、それに対応できる人材がいるのかという問題があります。「日本のプロジェクトは、NFTのプライマリーセールは得意だが、コミュニティーと話してプロジェクトを大きくしていくのが不得意」という話があり、その点はコミュニティーとの連携、一体感の醸成、継続的マーケティング活動、コミュニティーとのコラボレーションを通して実現していく必要があります。

旗振り役になる業界団体の活用も必要と考えられます。メタバース関連はメタバースジャパン（一般社団法人Metaverse Japan[*1]）があり、「日本の可能性をメタバースを通じて世界に解き放つハブとなる」ことをミッションとして掲げています。また、NFTに関しては一般社団法人日本ブロックチェーン協会[*2]があり、ブロックチェーン技術の健全な普及、発展に貢献することを目指しています。

＊1 一般社団法人Metaverse Japan、「組織概要」、https://metaverse-japan.org/organization/ （2022年4月8日閲覧）
＊2 一般社団法人日本ブロックチェーン協会、「当協会について」、https://jba-web.jp/aboutus （2022年4月8日閲覧）

Web2.0の宿題をWeb3で解決する

日本はWeb2.0では負けましたが、Web3で勝てるのでしょうか。Web3は日本にとって機会にも脅威にもなり得ます。Web2.0の宿題をいかに解決してWeb3で勝つか、という視点で話を伺いました。

「日本はWeb2.0時代の宿題が解決しないまま、Web3に来た感じがあります。それでも食えていたというのが今までで、漫画、アニメ、そこから映画に派生し、その周りのグッズを売るという構造で成り立っていましたが、これからを考えると、SNSを使ったコミュニケーション、Web3上でのグローバルでのコミュニケーション、グローバルでのマーケティングなどに進みたいところですが、なかなかできていないところがあります」

「逆にアジアの国のプレイヤーと話していると、インターネットマーケティングやSNSマーケティング、グローバルマーケティングが当たり前と考えているプレイヤーがグッズを作り、アニメをつくっています」

「制作のクオリティーは日本の方が高いかもしれませんが、マーケティングを含めた部分で、総合点で負けるみたいな状況が今後起きそうです。それをひっくり返していくためにどうしていくかというところが、多分自分の役割だろうと思っています」

「個人クリエイターは日本から海外に出て、NFTとかメタバースの世界に入り込んでいく人が増えている傾向も見られます。そうした動きにならって、会社とかプロジェクト単位でももっとより大きいIPがグローバルに出ていけるような手助けをしていきたいです」

「日本のマーケットサイズはある程度大きいので、その中でビジネスが成り立つと、今までやってきたやり方を変えられない面があります。グローバルのマーケットを取りに行くのは難しいという感覚をずっと長年持っていて、そこにチャレンジをしていません。それに対して韓国は、自国のマーケットはそれほど大きくないので、グローバルマーケットに挑戦せざるを得ず、いろんな韓国のエンタメで、いろんなアーティストがチャレンジし、チャレンジの積み重ねをこの10年20年やっています」

「日本のIPホルダーも、チャレンジの積み重ねをしているとは思いますが、より積極的にWeb3の力を使ってチャレンジしてほしいです。一つのIPのノウハウというより、業界というか、グループでのノウハウをためることでグローバルに展開することを期待しています」

「Web2.0で負けてWeb3でも負けるというのは嫌です。気持ち的には、Web2.0での宿題はWeb3で解決していくという方向で、そこに向けて自分たちも先陣を切ってやるし、日本のIPホルダーもそこに向かってやってほしいと思います」

「そのためには、日本企業のスピード感を何とかしたいです。さすがに国レベルでとなると時間がかかるのはしょうがないですが、少なくとも同じIPを持っている人たちの仲間として、情報共有しながらどんどんやるべきことをやっていきたいと思います」

日本企業のIPには強みがあり、海外からも注目され、グローバルに展開できるポテンシャルが高いことが分かりました。一方で、マーケティングやコミュニティーとの連携、法規制など課題も多数あります。

Web3は常にグローバルに展開するので、日本のIPの参入が遅れ続けると、中国・韓国・東南アジアのIPがWeb3時代に注目される可能性があります。

Web2.0の宿題をWeb3で解決するという視点で、日本のIPホルダーと日本のWeb3企業の連携などで、グローバルでの成功事例が増えることが望まれます。コミュニティーとの連携が不可欠なWeb3で生き残るには、SNSの運用方針なども再度検討する必要があります。水野氏のように、自身でIP、コンテンツ開発、事業化に成功し、一方で日本のIP、コンテンツの海外展開支援に成功している人材、組織の活躍が期待されます。

日本の課題と競争力強化の方向性

日本のIPのWeb3へのアプローチに関して、水野氏のインタビューから得られた日本の課題と競争力強化の方向性をまとめます（**図表8-3**）。

第一に、IPホルダーの視点ではIPの保護と利用促進の両立を図る必要があり、Web3のブロックチェーン技術、NFT化は、この視点で非常に重要です。水野氏はCC0を活用しており、これはオリジナルIPを取得した上での幅広い利用を促進し、ブランド価値を確保する戦略の一つに位置付けられます。同時にオリジナルのNFT化による売り上げも大きいです。新規のオリジナルIPはWeb3と相性が良く、またWeb3を活用することでIPの保護、流通利用、ブランド価値向上を両立し得ることを示しています。しかし、既にビジネスが成立しているIPをCC0にするのは現実

図表8-3　インタビューから得られた日本の課題と競争力強化の方向性

分類	項目	日本の課題や先進的対応	必要な方策
IPの保護、履歴、付加価値化	IPの保護と利用促進の両立	IP側が公式でNFTを発行する	ブロックチェーン技術活用(Web3の特性)
	IPなどの履歴確認、NFT化	ライセンスなどのトレーサビリティー確保が必要(オフライングッズやWeb2.0は困難)。ブランド価値の確保	NF T活用。公式のウォレットアドレスを明確化する
IPの展開、マーケティング	海外展開	日本企業は国内向け中心(法務の対応力、全般に保守的)。海外では海外企業任せ	日本とグローバルのマーケットを分けて考える
	顧客層	海外有力企業ではWeb3ネイティブな層をターゲット化。日本は顧客層もリアル中心	コミュニティーとの連携。日本も今後10年間で変化、それを捉える
	マーケティング	エージェント任せが多く、コミュニティーとの連携が少ない。IPホルダーと国内Web3企業との連携が少ない	IP側が直接コミュニティーと対話できるチームを育成する。コミュニティー運営の実績のある企業と連携する
	組織間連携	Web3プラットフォーム活用(水野氏のThe Sandbox活用の例)。アジア企業が熱心	Web3ネイティブな企業との連携。スピード重視。決裁権のある人間がビジネス英語を話す
法規制	海外法規制との整合、規制改革	自社発行の保有トークンの時価評価課税の負担の重さ。ガチャに相当する方式でのコンテンツの販売とか配布	課税見直し(収益発生時点の課税など)。国際的法規制との整合

的ではないため、既存の有名IPの場合は、また新たなWeb3ならではの勝ち筋を見いだす必要があります。

第二に、オリジナルIPを、マーケティングやエージェントとの連携などにより、いかに海外も含めて展開するかです。この点は日本企業が弱い部分であり、Web3企業との連携、コミュニティーや業界団体の活用が重要になります。水野氏の事例ではThe Sandboxとの連携によるNFT化の成功が示されています。日本企業はスピードが遅い場合が多く、またエージェント企業との協調などに問題があると示されています。ここでは、Web3系のプラットフォーム企業などとの連携が必要ですが、できれば海外展開も含めて国内企業間の連携で実施できることが望ましいです。

第三に、法規制の問題があります。第2章の渡辺氏の事例で示された項目と類似していますが、課税負担の重さ、トークン発行の問題が示されています。また、ガチャに相当する方式でのコンテンツの販売や配布を国際レベルと整合を持つことが望まれています。水野氏は海外拠点の活用・拡大を行いつつ、本社機能の海外移転は現在考えていませんが、法規制の状況によっては海外流出の可能性があり、法規制面の対応も重要と考えられます。

第9章

DAOが作り出す社会変革

interview with 野口悠紀雄

text by 絢斗優

野口悠紀雄氏は、早い時期からブロックチェーン技術の活用と特に暗号資産への応用に注目し、その動向が社会の基本的な構造を大きく変える潜在力があることを示していました。具体的には、暗号資産であるビットコインによって少額の取引（スモールペイメント）が可能になり、中央集権的な組織や銀行という組織を経由しないで経済的な取引ができることに着目していたのです*。これらはブロックチェーンを用いた究極的な分散型自律組織であるDAOの役割や重要性にもつながります。野口氏は、DAOが組織の意思決定の在り方、働き方、社会自体を大きく変えるという見通しとともに、既存の法体系や社会の仕組みとの間に生じる問題についても指摘しています。

＊『ブロックチェーン革命』（野口悠紀雄、2017年、日本経済新聞出版社）、『ブロックチェーンの衝撃』（馬渕邦美監修、2016年、日経BP社）

取引所という中央集権型の組織が出現し、2020年ごろからDeFiによって暗号資産の交換、融資、保険、デリバティブ取引などへのサービス応用が進みました。しかし、暗号資産の支払い手段としての活用は普及途上であり、暗号資産と現実の通貨との交換などの問題は残っています。

暗号資産自体も、自律分散型のみならず、中国のデジタル人民元に代表される中央銀行デジタル通貨CBDC（Central Bank Digital Currency）のように、中央集権的な仮想通貨が計画されるようになりました。また、昨今の国際情勢の中で語られる仮想通貨の利用は、仮想通貨による送金の可能性を示すと同時に、自律分散と中央集権の在り方に対する、新たな問題も提示しています。

野口氏は、Web3を「ブロックチェーン技術を用いた活動」と位置付け、それによって、プラットフォーム企業と呼ばれるテックジャイアントに支配されるインターネットの世界から、分散的な世界への移行の期待を示しています。

Web3との関係でNFTやメタバースへの注目が高まっていますが、その意味や可能性に関しては、投資やエンターテインメントの側面のみが注目され、真の役割や産業応用の可能性については十分に語られていない部分があります。野口氏はメタバースを、新しいリモートの手段、距離を克服する手段として、工場の遠隔操作、遠隔手術ロボット、集中管理室の遠隔運営などに使われる可能性を示しています。NFTについては、その応用はデジタルアートに限らず、より広く権利移転を記録する手段として考えるべきであると指摘しています。

ブロックチェーン技術を活用するWeb3において、分散型自律組織であるDAOの重要性は今後ますます高まりますが、規制動向も含めて中央集権的な組織や仕組みとの関係や役割分担はどうなっていくでしょうか。また、最近注目されているNFTやメタバースの可能性、課題はどのようなもので、どういう方向性に進んでいくでしょうか。そのような点について、金融に関わる動向、国際情勢、技術革新、規制動向などの最新の状況も踏まえつつ、野口氏の考えを伺いました。

ブロックチェーン技術が実現する DAOとDeFiの重要性

暗号資産は、投資対象としての関心が高いのですが、従来の金融商品とは全く異なる特性を有しています。基盤にあるのはブロックチェーン技術であり、インターネットを通じて経済的な価値を送ることが可能になりました。ブロックチェーンの応用は送金から証券、保険、資金調達など金融業務全般に広がり、さらに商品の履歴追跡や予測、シェアリング・エコノミー、IoTなどへと広がっています。

暗号資産への応用に代表されるブロックチェーン技術の本質は、取引をする相手組織が信頼できなくても取引や契約が可能なことです。それは、「あらかじめ決められている契約に従い、ブロックチェーンを用いて取引を自動的に行う」スマートコントラクトというコンピューターが理解できるかたちの契約によって実現しているからです。多数のコンピューターが形成するネットワークが、プロトコルに定められたルールに従って判断して決定し、それを実行します。パブリックブロックチェーンの場合、取引台帳を分散化し、ネットワークには誰でも参加できるため、社会のフラット化、分権化にも寄与します。

このような動きの一つとして、従来の銀行のように管理者がいて中央集権的な仕組みで運営される既存の組織から、管理者がいなくても自律分散的に運営される組織、つまりDAOが出現しました。DAOは、管理者、経営者が不要という意味で、未来型組織として期待されています。こうしたDAOと、分散型金融であるDeFiの役割や動向について、野口氏は以下のように述べています。

「ブロックチェーンによって、中央集権的な組織がなくても、つまり組織を信頼しなくても、経済的な取引が可能になりました。そのことに非常に強い関心を持ったのです。ブロックチェーンのそうした側面が発展してゆくWeb3は非常に興味深いものです」

「DAOは、ある条件に応じて自動的に反応して意思決定していく組織の仕組みで、スマートコントラクトに従って実装されています。これは組織の意思決定の在り方という点で非常に重要だと思います」

「DeFiは、もともとのビットコインの思想を受け継いでいると思います。つまり、中央集権的な組織がなく、DAOという完全に自律的な組織によって運営されます。ビットコインのときには単純に送金するという操作だけが可能でしたが、それがもっと広がって、通貨の交換や融資など、さまざまな金融取引が可能になりました。その意味では、明らかに当初のビットコインの拡張です。しかも、誰もが参加できます。本人確認などの手続きなしに、どこの国の誰でも参加できるという意味で、非常に重要なものになっています。だからDeFiというのは、当初のビットコインの思想の延長上にあると言えますが、それをどう評価するのかは別の問題です」

野口氏の発言は、パブリックブロックチェーンを用いたビットコインの延長にある自律分散型の暗号資産、さらにより広い用途を有する金融サービスのDeFiの可能性、また分散型自律組織として金融サービス以外のより広い応用が考えられるDAOの可能性を示しています。Web3をブロックチェーンの自律分散型応用を発展させる技術と位置付け、その重要性を指摘しているのです。

自律分散と中央集権の両極端に進むマネーの世界

一方で、ブロックチェーン技術と暗号資産は、中央集権的な組織や形態、具体的には大企業、さらに国家が利用していく方向へ進んでいます。その第一は、仮想通貨を売買する場合に利用される、暗号資産交換業者が管理する暗号資産取引所です。取引所は中央集権型の組織です。日本では、2017年の改正資金決済法で暗号資産取引所の登録制が導入されました。暗号資産取引所の出現と、そのことによる中央集権化とその影響について、野口氏は以下のように述べています。

「ビットコインによって、少額の取引（スモールペイメント）がインターネット上で可能になると考えていました。銀行のような中央集権的な組織がなく完全にPeer to Peer（P2P）で、送金などの経済的な取引ができることに非常に強い関心を持ったのです。しかし、その期待が裏切られ、非常に残念に思っています。取引所という中央集権的な組織が登場し、それにより規制が強化されたのです。中央集権的な取引所が出てきたのは、流動性を確保するという意味で当然だったとは思いますが、ビットコインの創始者はそういった中央集権的な組織がない完全にP2Pの世界を考えていたと思います。そのような世界は、取引所の出現によって破壊されたのです」

取引所の問題については、DeFiのサービスの一つに位置付けられるDEXが解決策を示しました。DEXでは、仲介者となる企業が存在せず、取引はユーザー同士が直接行うため、特定の事業者に資金を預けることなく取引が可能です。また、ブロックチェーン技術の改善により取引で発生するコストを抑えられると考えられます。ただし、現段階では、現実の世界では暗号資産は支払い手段としてほとんど使えません。そのため、暗号資産を現実の通貨と交換する際に中央集権的な仕組みである取引所（交換所）に依存しなければいけないという問題は残っています。

より大きな暗号資産における中央集権化の方向として、大手金融機関などによる暗号資産、さらに中国のデジタル人民元であるCBDCがあります。そこで利用される可能性が高いブロックチェーン技術は「プライベートブロックチェーン」です。これは、ネットワークに入るコンピューターを管理者が決めるものであり、誰もが自由に参加できるパブリックブロックチェーンとは全く異なります。

Web3の本質は、パブリックブロックチェーンを活用し、誰でもネットワークに参加できるDAOへの移行にあると考えられますが、必ずしもそのような方向には向かっていません。

マネーの世界では、自律分散化と中央集権化（集中化）の両方向で大きな変革が進行中であり、両極化が進展しているように見えます。この状況について、野口氏は以下のように述べています。

「デジタル人民元もデジタルドルも自律分散とは逆の方向に進んでいます。デジタル人民元もデジタルドルも、ブロックチェーンを使っているといっても、パブリックブロックチェーンを使っているわけではなくて、中央銀行による中央集権的な仕組みです。マネーの世界では、自律分散的なDeFiと、その逆の方向の中央銀行によるCBDCという両極端な動きが生じています。CBDCやデジタルドルは、Web3とは全く逆の方向であり、これをどう評価するかは非常に重要な問題です」

「中国は一帯一路の地域に対して、人民元を使わせる意図があるのではないかと思います。ただ、デジタル人民元の主要な目的は中国国内でしょう。他の国がどれだけ人民元を受け入れるかは、デジタル技術の問題というよりも、人民元への信頼の問題です。デジタル人民元は、世界的な通貨としての信頼はまだこれからのことだと思います。人民元がどれだけ信頼を集めるかは、中国の金融当局がどのような金融政策を取るかによります。中国はアフリカに対して、援助外交をずっと前から行っており、そうした場合に、デジタル人民元を決済通貨として使うよう奨励することは当然考えられます」

暗号資産は既存の送金システムが使いにくい状況においても有効な送金手法であり、その有効性と課題の両方を提示しました。そのことについて、野口氏は以下のような見解を示しています。

「暗号資産によって世界中から募金が集まり、援助のために重要な役割を果たすことができます。銀行を使わなくても、すぐに実現できるのです。もともと暗号資産はP2Pの取引ができるので、国が関与する必要はありません。それが暗号資産の重要な点であり、Web3の思想だと思います。その特性によって、中央集権的な仕組みなしに、全世界から募金を集められるのです」

「国際的な金融制裁措置を課されている国が暗号資産を使って制裁を逃れようとした場合、対抗策はとても難しいと思います。DeFi的なものがDeFiの世界にとどまらずに、一般的な世界に広がったとしたら、金融制裁の手立てはなくなります」

「今まで私はどちらかというと、DAOのような中央集権的でない仕組み、いわばアナーキズム的なものと言ってもいいですが、そういうものが望ましいと考えていました。ところが、それだけではうまくいかない場面が出てきてしまっているのです。そのため、今、私は中央集権的な仕組みに一定の役割があるということを認めざるを得ないと考えています。これは大変重要なことです」

「Web3にとっても重要な影響を及ぼすと思います。結論を言えば、Web3的な分散的な仕組みが発展してほしいと思うし、そしてDeFiというのは、今は部分的な宇宙しかつくっていないけれども、これが現実の世界との関わりを持ち、Web3的な方向に進んでいくことを望んでいますが、それは中央集権的な仕組みを完全に代替するようにはならないと考えます。この両者のうまい役割分担、協調が非常に重要だと考えるようになったのです」

市場の調整機能によって経済活動が成り立つという経済学的意味では、自律分散型の暗号資産は十分に役割を果たします。一方で、不法な国際取引や、国内での取り締まりなどについては、国際的な中央集権型組織や国家組織でなければできないこともあります。その意味でWeb3では、自律分散化を理想形としつつ、中央集権型の機能でいかにバランスさせるか、といった視点が必要と考えます。ブロックチェーン技術を使っていても、極端に中央集権的な方向にのみ進まないようにすることが重要です。これはマクロな問題のみでなく、DAOの活用についても言えることです。

Web3におけるNFTの位置付け

NFTというブロックチェーン技術は、一つひとつの個別の対象を区別して取引を記録することが可能です。デジタル創作物の売買への利用が注目され、売買をするとき、作成者のアカウント情報と持ち主を第三者に頼らずに検証できます*。

＊『リモート経済の衝撃』(野口悠紀雄、2022年、ビジネス社)

NFTを用いたデジタル創作物の取引は、現実の世界で既に行われています。あるNFT作品は約7000万ドルで、また、あるSNS投稿は数億円で落札されました*。

＊『リモート経済の衝撃』（野口悠紀雄、2022年、ビジネス社）

NFTはWeb3において重要な技術といえますが、その位置付けや利用の方向性については課題もあると考えられます。野口氏は、以下のような見解を示しています。

「Web3でのNFTの役割は少し強調され過ぎているような気がします。決してNFTを否定するわけではありませんが、Web3ではDAOの方が重要だと思います。NFTはデジタルアーツに経済的な意味を持たせたことから、クリエイターが熱狂しています。今まで高額になりにくかったものが何億円の価値を持つようになったので、これはすごいことだと言って熱狂しているのです」

「技術的に言えば、NFTに使われているブロックチェーン技術は、もともと改ざんできない情報を記録することが可能です。そういう意味で存在証明というのは、もともとブロックチェーンの非常に重要な役割として、実際にある文書が存在したことの証明に使われてきたのです。例えば、ダイヤモンドの品質鑑定にはかなり前から使われていて、その延長線上の話ですから、技術的にはそんなに難しいことではないと思っています。だからといってNFTを否定するわけではなく、ただWeb3では重要だと強調され過ぎていると思います」

「また、NFTによってデジタルアーツが価値を持つというのも、よくよく考えてみると、なぜ価値を持つかというのは、理解しにくいと思います。NFTにコピー防止機能はなく、基本的にはそれを作った人から正当に譲り受けたという証明です。そういうもので満足するというのは一種の自己満足という気もします。だから、それが何億円の価値を持つという状況が、今後どれだけ続くかというのは、疑問に思っています」

「そういう意味で言えば、普通の絵でも、本物かどうかは実物を調べれば分かりますが、ちょっと見ただけでは分かりません。それにもかかわらず、本物の絵に巨額の金を出して買うというのは、ある意味で虚栄心による面もあると思います。それとNFTは同じという気もしますが、NFTの場合はデジタル作品なので、簡単にコピーできるだけでなく、全く完全に同一のものをコピーできます。そうした作品を権利者から正当に譲り受けたという価値でしかないということを理解しておくのは重要です」

「美術的な価値がある物なら分からなくもないですが、例えば最初のSNS投稿が取引されたとかそういうことになると、それは文字にすぎず、それがNFTで非常に高い価値を持つというのは、私には理解できないところが残ります」

野口氏の指摘は、NFTの有効性はデジタルアートに限ったものではなく、より広く、権利移転を記録する手段、さらに改ざんされていない情報を残す手段として考えるべき、ということであり、実際により広い用途、応用を検討すべきと考えられます。

NFTは、メタバースのような仮想空間で、建物や衣装などのデジタル創作物の売買を可能にするといった役割が期待されます。しかし、経済的な価値のみに目を奪われるのではなく、どのような用途でどのように利用していくかが重要といえます。

なお、NGOやNPOなどと連携して、NFTをチャリティーに使うといったことも考えられます。実際、著名人のデジタルアート作品をNFTとしてオークションにかけ、収益を社会貢献活動に寄付することが行われています。米国で事例が多いですが、日本でも暗号資産で寄付を集め、新型コロナウイルス感染症患者に対応する医療機関、福祉施設などにマスクや医療ガウンの寄付を行っている例があります。

デジタルアートや投資的な側面のみでなく、NFTが有するポテンシャルを生かし、多様な活用法を考えることが重要と考えられます。

Web3とメタバース

メタバースで最初に注目されたサービスは、2003年に開始され、2007年ごろに人気のピークとなったSecond Life（セカンドライフ）です。3DCGで構成されたインターネット上の仮想世界で、現実の世界とは異なる生活を送ることができ、リンデンドルという仮想通貨も発行され、仮想世界の中で使われました。

最近メタバースが注目されたのは、テック企業のCEOが、「数年以内に当社は、メタバースの企業へ変わる」と宣言したことによります。実際に社名が変更される前に、自分に似せた分身であるアバターで会議に参加できるサービスを開始していました*。

＊ 野口悠紀雄、2022年、『リモート経済の衝撃』ビジネス社

メタバースの活用は、ゲーム分野のみならず、Web3技術とXR技術[*1]を掛け合わせることで、没入型のコマース、コンサート配信、FinTech分野への活用、リアルな製造業への応用といったさまざまなかたちで大きな広がりを見せています。メタバースがWeb3で注目される理由として、次の５つが挙げられます[*2]。

＊1 VR（Virtual Reality、仮想現実）、AR（Augmented Reality、拡張現実）、MR（Mixed Reality、複合現実）の総称

＊2 一般社団法人Metaverse Japan、「What's メタバース」、https://metaverse-japan.org/organization/whatsmetaverse/ （2022年3月31日閲覧）

(1) 新型コロナウイルスの影響でデジタル・トランスフォーメーションが一気に加速
(2) 3DCGやVR技術の進化により、よりリアルな仮想空間を表現できるようになった
(3) PC性能の向上や5G通信の登場でより身近にメタバースを体感できるようになった
(4) 大手企業のメタバースサービスへの移行と技術革新
(5) オンラインコミュニケーションに慣れ親しむZ世代が主役の時代を迎える

野口氏は、メタバースを「現実逃避の場ではなく、新しいリモートの手段、距離を克服する手段」と捉えており、現状のメタバースの捉え方や想定される課題、産業応用を含む可能性といった点を踏まえ、以下の見解を示しています。

「一般には、メタバースがWeb3の主役になるように考えられ、NFTがそこで重要な役割を果たすといわれています。それは決して否定しませんが、問題は、メタバースに何を期待するかだと思います。多くの人

が言っているのは、Web3はある種の逃避場、つまり現実の世界が嫌になったから、メタバースで楽しい時間を過ごそうということです。あるいは現実の世界ではなかなか人と人との交流がうまくいかないから、メタバースでアバターになればもっと自由に交流ができるということもよく言われます」

「それはメタバースの機能をあまりに狭く捉えていると思います。これはハッキリ言えば、人と人とのつながりを提供しますが、つながりの場所を、今までのSNSのようなところではなくて、目に見える世界で提供することのように思えます。そこに没入すると非常に気分がいいから、だからみんなそこに引き寄せられるのです。それを決して否定はしませんが、それはどうかと思っています」

「我々は現実の世界から離れて生きることはできません。つまり、一日中メタバースで過ごすことはできないのです。今後可処分時間という概念が非常に重要になると思いますが、メタバースで過ごすだけの価値がメタバースにあるのかということが、多分真剣に議論されるようになると思います。そして、中毒症状に陥る人が非常にたくさん現れることも考えられるので、今SNSにおいて言われていることが、もっと強く現れる危険もあります」

「メタバースは、リモート手段と捉えることが大事だと思います。最近ではWeb会議用のツールを使用することも多くなりましたが、それをもっと優れたかたちで実践するのがメタバースの注目すべき機能だと思います」

「例えば、工場の遠隔操作があります。これはデジタルツイン*という技術で、既に実現しています。工場と同じものをデジタルで作って、そこで操業すると実際の工場でロボットが実行してくれるのです。これは、人がいる場所と工場との物理的な距離を克服する手段です」

＊現実の世界にある物理的な「モノ」から収集したさまざまなデータを、デジタル空間上にコピーし再現する技術

「もう一つ重要なのは医療です。ロボットでの遠隔手術、あるいは遠隔で管理する集中治療室があります。これまでも既に行われていますが、メタバースの技術を使えばもっと正確にできるようになります」

「これらはいずれも遠く離れている場所にある物を、あたかも自分のすぐ近くにある物として、自分で操作する、すぐに操作できるという仕組みです。その方面での利用はもっといろいろあり、実際に考えられていると思いますが、その点をもっと強調すべきだと思います」

「今メタバースについて言われていることは、NFTについてのクリエイターの考えと同様に、あまりにバイアスがかかり過ぎていると思います。決して否定はしませんが、もっと重要な役割があると言いたいです」

野口氏はメタバースを、現実逃避でなく、現実世界との共働ができる仕組みの構築に利用することが必要との見方をしています。そして、メタバースが新しいリモートの手段、距離を克服する手段として使われることに対する期待が示されています。工場の遠隔操作、遠隔手術ロボット、集中管理室の遠隔運営などはその例示で、大きな可能性があるといえます。

今回のインタビューには含まれていませんが、野口氏は、メタバース内で収益活動が可能になった場合の課税をいかに行うかも重要と指摘しています*。またメタバースのみに限りませんが、Web3の分散的な仕組みに

おいても、本人確認は必要で、認証局のような中央集権的な仕組みではなく、分散型IDによって行う仕組みを確立することが重要としています。

＊『リモート経済の衝撃』（野口悠紀雄、2022年、ビジネス社）

メタバースとWeb3という新しい概念を巡る未来に向けた議論は、まだ始まったばかりであり、今後その定義や目的、法律を、今後のテクノロジーの進化を基に領域横断的に明らかにしていかなくてはなりません。そのためには、多くの業界がメタバースという概念の下に結集し、リアルとバーチャルな世界が融合して新たな価値が生まれていく生活、社会、産業の在り方などを検討することが求められます*。

＊一般社団法人Metaverse Japan、「設立趣意」

Web3におけるDAOの重要性と新たな方向性

ブロックチェーン技術は、中央の管理者が存在せず、分散型で自動的、自律的に統治される新しい組織概念DAOを生み出しました。その事例は現在では暗号資産に限らず、他の分野へもかなり広がっています。また、既に野口氏が以前から指摘していたように、一切人を介さずに自動的にビジネスを回していくDAC（Decentralized Autonomous Company）にも注目が集まりつつあります*。

＊『ブロックチェーンの衝撃』（馬渕邦美監修、2016年、日経BP）

DAOやDACは、中央に管理者が存在しない組織形態であり、法的課題や既存の会社組織との整合に関する課題があります。中央集権型の在り方や、人間の意思決定との役割分担についても検討の必要が生じ、またDAOの新たな方向性も示されつつあります。DAOの組織、機能を生かしつつ、中央集権的な仕組みを導入する可能性も含めて、野口氏は以下のような見解を示しています。

「銀行が持っているデータをAPIで公開して銀行以外の組織が利用できるようにする、そういう動きが欧米を中心に広がり、日本でも銀行のデータを外部のIT企業が使えるようになっています。米国ではシリコンバレーのテックジャイアントが、民間銀行の持つ情報を使って、新しい金融サービスを提供するということが既に始まっています。これは中央集権的な仕組みですが、Web3との関係で、非常に重要だと思います」

「金融サービスの利用状況などに関する情報を使って地域のコミュニティーやネットワーク組織がDAOを運営することが十分考えられます。つまり、DAOが銀行の情報を使えば、リアルタイムで今どうなっているかを把握できるのです。しかも一つの銀行だけでなく、複数の銀行がAPIを提供していれば、リアルタイムでどういう状況にあるかを全部把握できます。そのような複数銀行の情報を利用して、DAOを運営することができます」

「例えば、小さなコンビニエンスストアを運営するDAOを考えてみます。どのような商品が売れているか、商品の在庫はどれくらいあるか、顧客がどういうものを欲しいと思っているかなどをAPIによってデータとして取得し、それを分析することによって、小さなコンビニエンスストアをDAOとして運営することが可能です。当然、銀行APIとも連携することになります。DAOは分散型ですが、中央主権的なシステムからAPIでデータを取得する形態になります」

「ここで示した例は、分散型の仕組みと、中央集権的な仕組みをうまく結合させる一つのモデルになると思います。コンビニエンスストアの経営はDAO、要するにWeb3的な仕組みですが、そこに情報を提供しているのは、銀行がその門戸をオープンにし外部との連携を試みるオープンバンキング、つまり中央集権的な仕組みです。こうした結合は、今後もっと考えられるべきだと思います」

「コンビニエンスストアの運営主体は、プログラムやスマートコントラクトの集まりであるDAOであるといえます。現実のコンビニエンスストアでは、もっと細かい判断が必要になるかもしれません。例えば、プログラムの指示でどれだけ仕入れをするかが分かっても、店主が仕入れや商品の配置の判断をすることは可能です。それは従来人間がやっている仕組みであり、それを利用しても全く構いません。今までのコンビニ経営の仕組みをそのまま受け継ぎ、その運営をDAOがやると考えればいいのです」

「一般的に言えば、リアルタイムのリアクションは、人間の判断よりも、複雑な計算を行うプログラムの方が優れています。ただ、それに100%従う必要はありません。自社が今どういう状況にあるかは、特に零細企業では分かりません。将来を予測する以前に今の状況を正しくつかむという点でも、一般的にプログラムは優れています」

「DACでは株主がいて、その持ち分権で意思決定を変えますが、DAOでもトークンを使って同様の決定を変えることはできます。今の株式会社の仕組みも、株主が全部平等な権利を持っているわけではなく、意思決定が株主の株の持ち分で変わる点は同様です。DAOやDACのガバナンスの在り方として、そういったガバナンストークンの保有割合による

> 意思決定の在り方が妥当かという点の検討は必要かもしれません」

DAOは、ブロックチェーンやスマートコントラクトを基盤とする分散型自律組織として、その活用がより多方面で検討される可能性があります。一方で、中央集権的な仕組みと役割分担したり、中央集権的な仕組みを一部活用したりすることも考えられます。

一例として、野口氏が指摘するように銀行などの外部データを活用し、コンビニエンスストアの経営においてDAOを活用することが考えられます。その在り方として、スマートコントラクトのみによる完全な自動運営ではなく、最終的な意思決定には人間が関与することもあり得ます。

DAO、DAC、他の組織の関係について概念を整理したのが**図表9-1**です。この表によれば、DAOやDACは、労働者はいるが管理者（経営者）がいない組織です。ただし、野口氏が示したコンビニエンスストアの事例のように、例えば商品の在庫管理や仕入れはDAOが実施するとしても、商品の配架や全体の管理は管理者（経営者）が行うといったことも考えられます。また、商品の売れ筋に関する情報は銀行など外部から導入し活用することもあり得ます。それらの情報は、自律分散的というより中央

図表9-1　DAOと他の組織の関係についての概念整理

出所：『ブロックチェーン革命』（野口悠紀雄、2017年、日本経済新聞出版社）
（原典：https://blog.ethereum.org/2014/05/06/daos-dacs-das-and-more-an-incomplete-terminology-guide/）

	労働者がいる	労働者がいない
経営者がいる	伝統的な株式会社	ロボットを使う企業
経営者がいない	DAO DAC	AIによる完全自動企業

集権的な特性を持っている場合も想定されます。

なお、図表9-1の右側は、労働者がいない組織（企業）を示しており、フルオートメーション化された工場でロボットが生産を行っている企業が代表例です。さらに図表9-1の右下に進み、AI（人工知能）やビッグデータ解析・利用により、経営者がいなくても完全自動化を行う方向に進みます。この形態は、DAOやDACにおいて、ロボット導入などで管理者（経営者）のみならず、労働者もいなくなった、進化形と見ることもできます。実際、自動運転の車を利用したタクシーやレンタカーの会社が、このような形態に進むことは十分考えられます。

これまで見たように、DAOやDACの形態は、自律分散を基本としつつ、多様な形態に発展し得ます。Web3の進展や活用は、自律分散の方向をより強める方向と考えられますが、望むか望まないかは別にして、中央集権的な方向性との融合も一つの形態です。技術的な進展や法規制への対応なども含めて、今後の在り方が注目されます。

第10章

Web3のガバナンス

interview with アンダーソン・毛利・友常法律事務所 長瀬威志

text by 馬渕邦美

諸外国はWeb3の覇権を握るべく、急ピッチで環境整備を進めています。日本も、Web3のビジネスを推進し、新しい資本主義を成長戦略の柱に据える姿勢を明確に打ち出し、イノベーションを強力に後押しすべく、社会基盤やルールを直ちに整備する必要があります。このことは、Web3のイノベーションによる経済成長、国際競争力強化のみでなく、そのプロセスにおいて、スタートアップの成長や人材育成、それらの海外流出抑止、国民生活の向上にもつながると考えられます。

Web3は非中央集権型（分散型）で、ステークホルダー（ガバナンストークンホルダー）への分散、分散型自律組織（DAO）が基本となり、ガバナンスもWeb2.0と大きく異なってきます。また、NFT、メタバースの利用が進み、想定しなかった用途への展開が進むことで、思いもしなかった法的課題が生じ、規制対応が行われる可能性があります。

以上の視点を念頭に置き、特にWeb3の法規制を中心としたガバナンスに関わる日本と海外の状況やその課題、今後の方向性について、暗号資産などに詳しい弁護士の長瀬威志氏にインタビューを実施しました。長瀬氏は、金融庁・証券会社への出向経験を生かし、規制当局の考え方を踏まえ金融実務に即したアドバイス提供を得意としています。特に、暗号資産交換業・デジタル証券、電子マネー決済などのFinTech案件を中心に取り扱っています。著書、論文もNFTやブロックチェーン、暗号資産に関する実績が多く、海外留学の経験もあります。Web3のガバナンスについて、法規制の現状や今後の方向性、海外と日本の状況や具体的な事例などについて伺っています。

暗号資産やNFTへの関わりの背景、経緯

長瀬氏は、弁護士4年目に金融庁の企業開示課に出向しました。ちょうどそのとき、ビットコインの取引所であるマウントゴックスで、顧客が保有する75万ビットコイン、購入用の預かり金28億円程度が消失する事件が発生しました。利用者に日本人もいたので利用者保護の必要性を感じ、また、現在もそうですが、FATF（Financial Action Task Force、金融活動作業部会）は、日本の金融対策、特にマネーロンダリング対策が非常に弱いと指摘しています。

マウントゴックス事件とFATFからの厳しい指摘の両方があり、ビットコインなどの暗号資産について、規制が必要という議論が出向先の金融庁でされ、非常に面白い技術があると興味を持ちました。それが現在の業務に関わるきっかけです。ただそのときは、ビットコインなどの暗号資産が大きく広がるイメージを持っておらず、取引するのであれば自己責任にゆだねればいいのでは、というくらい考えだったそうです。

金融庁への出向後、米国のロースクールに留学します。ちょうどその頃、クラウドファンディングとかFinTechのはしりのような新しい技術に対する金融規制の在り方が議論され、その中には暗号資産の話もありましたが、「まだ残っているんだ」くらいの印象しか持たなかったとのことです。

留学後、元の事務所に戻るのではなく、一度国内の証券会社に行ってみないかという話があり、国内証券会社に出向しました。

2017年には、日本で暗号資産（2017年当時は「仮想通貨」）に関する改正法（改正資金決済法・犯罪収益移転防止法等）が施行されました。この法改正で、暗号資産交換業者への登録制導入や、口座開設時における本人確認が義務となり、利用者保護の観点から、最低資本金、顧客に対する情報提供、顧客財産と業者財産の分別管理、システムの安全管理を含む一定の制度的枠組みが整備されました。

その頃、暗号資産交換業者からトークンを用いた新しい資金調達に関する説明を聞きます。ICOバブルが始まっていた頃で、たった10分で数十億円集まってしまうという説明でした。証券会社にいたときにIPOの手伝いもしていましたので、その大変さは分かっていました。それに比べると、ほとんど開示資料とは言えないようなホワイトペーパーだけで多額の資金調達ができてしまうことに驚いたそうです。そのとき、「これは間違いなく暗号資産の時代が来る」と思い、関連する公的機関、内閣府や経済産業省が当時出していたレポートなどを読みあさり、暗号資産やその基盤となるブロックチェーンは単なる投機的な技術ではなく、革新的な技術だと気付いたそうです。

それ以降、弁護士としてこの動きに注目します。金融規制に関わる法律はできたといってもかなりアバウトで、そのギャップを埋めるための自主規制団体の設立、自主規制規則の整備など、業界の動きは間違いなく起きると思い、そのサポートをするために、2017年10月に事務所に戻って以来、ほぼ100％この分野に集中し、今に至っています。

NFTによる業界の広がりと法的対応、その問題点

長瀬氏は、暗号資産について当初から規制や業界の動向を見てきた人物の一人です。その過程で、NFTやDeFiとも関わることになりWeb3の世界に入ることになります。特にNFTが入ってきて以降、金融系中心の内容から、著作権を伴う音楽や絵画などのアートを含め幅広い領域を見ることになりました。

「2017年から2020年ごろまでの相談者は、IT系、スタートアップや一部の金融機関などが中心でしたが、NFTがきっかけになって、ブロックチェーン業界の関係者が非常に増えたという実感があります。NFTはゲームやコンテンツとの相性が非常に良い技術なので、特に2021年にNFTアートがはやって以降は、いろいろなコンテンツを持っている方々が、NFTを起点にしてメタバースやWeb3への展開を見据えて参入することが非常に増えたという印象です」

「NFTはいわばデジタルな“モノ”を取り扱いますので、法律に深く関わります。日本の民法で規定されている所有権は、『この物に対して排他的に支配する権利を持っているのは私だけである』という強力な権利なのですが、形のある物にしか認めていません。NFTはブロックチェーン技術を使うことで、コンテンツに対する何かしらの権利を行使できるという感覚的な所有感を得ることはできますが、今現在、それを法律的に裏付ける規定はありません」

「NFTが対象とするデジタルデータは無体物で、無体物全般に所有

権を認めようとすると、民法改正が必要になるので簡単な話ではありません。有体物以外に所有権がないという前提の下で行政法規が組み立てられているので、かなり抜本的な改正が必要になると思います」

一方で、法律的には保護されていないけれど、実態としてみんながどんどん所有物のように使っていく状況もあり得ます。

「例えば、ハッキングされてNFTが盗まれたとします。当然取り戻したいと考えますが、その際の典型的な問題は、法律的に取り戻す権利の裏付けがあるかどうかです。今の法律の枠組みではNFTには所有権がなく、仮にハッカーを見つけて特定できても、『これは自分の物だから返せ』とは言えません。もっとも、盗まれたNFTに財産的な価値は認められますので、ハッカーに対して不法行為責任に基づき『お金で返してください』という損害賠償請求はできるでしょう。しかし、所有権に基づく物権的な返還請求はできないことになってしまいます。ここに、一つ大きな問題があります」

「ハッカー自体が日本居住者ではない場合も多いと思われます。その場合、損害賠償請求を行うことができるかという問題もあります。仮にハッカーを特定できたとして、今度はどの国の法律が適用されるのかが問題になります。最終的には訴えが提起された裁判所が法の適用に関する通則法に基づき、日本法を適用するか、相手方の国の法律を適用するかを判断しますが、基本的には被害を受けたのが日本の居住者であれば、日本法が適用されることにはなると思います」

「しかし、そもそもの前提として、ハッカーが住んでいる地域を特定するのも大変で、裁判に訴えて仮に勝訴しても、どうやって執行するかという問題もあります」

「Web3ではインターネットを通じて匿名ベースでやりとりされているので、どこに住んでいるのかも分からない相手方とのやりとりが生じます。そこで、NFTに対して仮に所有権が認められても、その権利性だけで救われるかというと、最後の執行まで考えるとそう簡単ではないと思います」

現在の法規制での課題が示されました。物以外のデジタルに関しては、保有する権利についての明確な定義がなく、ハッキングにより盗難にあった場合であっても損害賠償請求程度しかできないとのことです。その損害賠償請求自体も、Web3では対象が海外居住者や匿名ベースの人が多く、法執行が困難だと思われます。

所有権という法的な裏付けがなくても、NFTによって当該NFTとひも付けられたデジタルコンテンツにも所有権に類似した何らかの権利が存在するように考える人が大勢いれば、法的な取り扱いとのギャップから問題が起こることが十分に考えられます。特にNFTではアートなどを対象に高額取引されるので、留意すべきです。

NFTゲームの賭博性や児童労働に対する懸念

ブロックチェーンやNFTはゲームへの活用も多いですが、その点での法規制に問題はないのでしょうか。GameとFinanceを組み合わせた

「GameFi」は、ゲーム内で稼げ、場合によってはお金を賭けるギャンブルに近い要素があり、特に海外で盛んです。日本でも、歩いた速度と距離に応じて暗号資産が配布され、ゲーム内で使われるNFTスニーカーを生成し、レア度の高いアイテムが出れば一獲千金になるSTEPNのようなブロックチェーンゲームがはやっています。これら多くの海外ゲームは、突き詰めていくと日本では賭博扱いになるのではないかという問題があります。

「日本の賭博罪は抽象的な定義になっています。およそ二者間で何かしらの財産的な価値を賭けて、どちらかが勝ったらどちらかが負ける、すなわち財物の得喪を争うという関係だと、すべからく賭博に当たり得るとされます。ただ、賭博罪に当たるかどうかの判例は古いものしかなく、例えばガチャが賭博に当たるのかどうかという議論は、まさに今起きています」

「特にゲームをプレイしながらお金を稼ぐPlay-to-Earnのような仕組みとか、GameFiの中でのNFTの販売方法やトークンの獲得方法が賭博に当たるかどうかは、その実態を見て個別に判断せざるを得ません。実務家や各省庁との間で議論を積み重ね、いかなる場合であれば賭博に該当するのかなどの解釈指針かガイダンスなどを策定していくことが望ましいと思います」

「日本では自民党デジタル社会推進本部でNFT政策検討PTが立ち上がっていて、どういったガチャの仕組みであれば賭博に当たるかといった議論がされていますが、業界の動きを含めて、今後次第だと思います。その他Play-to-Earnの場合、例えば未成年がこれをやることは児童労働に当たり、その仕組みは場合によっては分散型の搾取的な構造だと言う人もいます」

「一つの事例として、Axie Infinityという暗号資産を稼げるブロックチェーン上に構築されたゲームがあります。アクシーと呼ぶモンスターを使って対戦したり、育成したりするゲームです。一般的にアクシーの購入にはかなりの費用がかかります。フィリピンでは貧しい人々がゲームを通じて稼ぎ、家を建てることができたとか、貧困から抜け出せたという美談がある一方で、お金になるということでNFTの価値も高騰し、資本家のような裕福な人がNFTを買い占め、それを買う余力がないがゲームをしてお金を稼ぎたい人に貸し付ける構造が急速にできる可能性もあります。貸し付け条件が厳しくノルマのような契約内容になると、これは単にゲームプレイへの業務委託ではなく、ほとんど労働関係に近いものと言えます。しかもグローバルで匿名の相手方同士の間でこのような関係が生まれると、いずれ労働法絡みの問題が起きてもおかしくないと思います」

「ギルドのように仲介者が存在し、NFTを借りてゲームをプレイしている相手方の年齢さえ分からないケースもあります。結果として児童労働のような構造のケースが出てきてもおかしくありません。まだ今はプラス面が注目されていますが、いずれそういったマイナスの側面も注目されると思います」

ブロックチェーンやNFTを利用したゲームは、法規制上の問題のみならず、国際的に児童労働や搾取的な構造を発生させる懸念が指摘されています。日本ではまだ大きな問題にはなっていませんが、小学生や中学生でユニットを組ませるような業者が出てきてもおかしくありません。

法規制とともに、業界団体でのルール、課題の周知、教育での指導などの対応が必要と考えられます。

NFTアートやコレクタブルの証券性に関する米国の検討

NFTで1万個とか10万個とかほぼ同じ銘柄でチャートをつくり、相場まで形成していれば、実質第二のICOではないかという指摘があります。それに対する法規制の状況や検討は、特に先行する米国でどうなっているのでしょうか。

「先日、米国のSECが一部のNFTについて、特にフラクショナルNFT（Fractional NFTs）という小口化するNFTは証券に当たるのかどうか、調査を始めたという報道がありました。フラクショナルNFTは、ある一つのNFTをバラバラに分割して所有するような仕掛けを持ったNFTです。実際にはその報道以前、NFTアートがブームになった当初から、こういった小口化するNFTが有価証券に当たるのではないか、という話はありました」

「米国では、特定の取引が投資契約という証券取引の定義の一つに該当するかどうかを判定するハウィーテスト（HoweyTest）があります。いくつかのICOプロジェクトがこのテストスコアを計算し、トークンの証券性を検証しています」

「プロモーターが付いて積極的に値段が上がるから買うことを吹聴しているNFTなど、NFTをプロモートしている他人の努力によって利益が上がると期待させる構造は、ハウィーテストに照らして、有価証券に該当する可能性があると思われます。一方で、日本では有価証券の定義が条文でキッチリ書かれていて、米国よりも実態として有価証券に該当する範囲は狭いと言えます。そのため、規制の動きが入るとしたら、やはり米国が先行すると思います」

米国と日本の法規制は異なり、米国が先行している状況がうかがえます。ただし、NFTなどWeb3事業はグローバルで実施されている場合が多く、先行事例や先進的な事業は米国で生じ、それがグローバルにも展開されていく可能性が高いことを考えれば、十分留意する必要があります。

昨今の社会情勢から懸念される影響

暗号資産を移転する際、移転元・移転先に関する情報を取得し、移転先が利用する暗号資産交換業者に通知することを求める規制（トラベルルール）については話題になることも多いです。2021年3月に金融庁は、一般社団法人日本暗号資産取引業協会に要請しています[*]。

＊金融庁、「暗号資産の移転に際しての移転元・移転先情報の通知等（トラベルルール）について」、https://www.fsa.go.jp/news/r2/sonota/20210331.html （2022年4月6日閲覧）

昨今の社会情勢の問題もあり、銀行口座や暗号資産口座を開設するときなどに必要となる「本人確認手続き」を行うKYC（Know Your Customer）済みのウォレットが必要になるという議論も急速に出てきています。このあたりの規制強化や新たな方向性について伺いました。

規制が強化される方向に進むのは避けられないと思います。自分の保有する暗号資産を自分自身で管理・運用するセルフカストディのウォレットであったとしても、KYCを必須とするといった規制が採用される事態が起きても全然おかしくありません。最悪の場合、ルールが非常に厳しい国だと暗号資産を保有すること自体が規制対象になるかもしれません」

「NFTで多額の暗号資産の寄付が集まり、さらにNFTで戦費調達したと報じられました。一方で、西側の価値観と合わない国で、暗号資産が資金調達や決済の規制を回避するために使われているユースケースが多くなれば、一気にアウトの方向に進む可能性もあると見ています」

「暗号資産はインターネット上で価値を送付できるという大きな特性がある分、各国政府や規制当局とのバランスを取りながら取り組んでいかざるを得ません。そうなると、結局どこか中央集権的なところが、規制当局のさじ加減を見ながら、間を取り持つ方向に行く可能性があります」

「そのため、Web3の概念から後退してWeb2.0に戻るなど、いったんよりを戻すことはあるかもしれません」

「暗号資産やNFTを一括で保管・管理できるオンラインウォレットであるMetaMaskが、一部地域では扱えなくなったという報道もありました。いったん規制が強化されると、一般に規制の緩和には進みにくくなります。その意味では、完全な分散化は、この一連の動きで相当程度後退したのではないかと懸念しています」

米国では、イランのような国に対する金融制裁として、Web3企業や暗号資産スタートアップ企業に対して取引を禁止するなどの規制を行っています（2022年5月27日時点）。実際、2022年4月5日、日本政府はロシアの制裁強化に向けて、暗号資産が抜け穴として悪用されないように規制を強化するなど、関連する法律の改正案を閣議決定しました。暗号資産に対する制裁強化として、外国為替法の改正案を国会に提出し、その中には、制裁の対象者が第三者に暗号資産を移転することの規制や、暗号資産の交換業者に対して、金融機関と同様に顧客の送り先が制裁対象でないかどうかの事前確認の義務付けなどが含まれています。この暗号資産取引規制強化を含む「ロシア経済制裁関連法」は、2022年4月20日に参院本会議で可決・成立しています。他のG7諸国でも暗号資産監視、規制強化の動きは高まっています。

Web3は、完全な自律分散化を指向し、そこに特徴もありますが、少なくとも一時的に中央集権的な規制や制度が導入される可能性はあり、その点を含めた事業展開を考慮する必要があります。

伝統的な企業や金融機関との取引、関連規制が、Web3普及の課題

Web3的なブロックチェーンや、それを使ったアプリケーションの普及において、一番ネックになっている規制は何でしょうか、どのような点に課題があるのでしょうか。

「Web3を推進している集団や、DAOを進めている方々からよくある相談ですが、これらのWeb3を推進する集団であっても、既存の株式会社や金融機関などと取引せざるを得ない場面があります。Web3を推進する集団と伝統的な企業との取引関係が、全部暗号資産での取引だけで完結すればよいのですが、現実的にはなかなかそうはいきません。株式会

社なり金融機関などの伝統的な企業が、DAOと取引したいといっても、DAOの誰と契約書を交わせばいいのかとか、決済するにしても銀行送金でないとダメということになると、特定の代表者が存在しないDAOでは銀行口座の開設も困難であり、契約締結も送金もできない恐れがあります。結局DAOを標榜するWeb3を推進するプロジェクトであっても、日本で株式会社をつくって、そこを取引相手にするというやり方をせざるを得ない場合があります」

「Web3を推進する上での大きなネックは、法定通貨ベースの経済圏が既に構成され、株式会社としての法人格や銀行間での送金での決済を信用し、そこに依拠して取引が成り立っていることです。その垣根を取り払ってすべて暗号資産で決済し、Web3を推進するといったことには当然なっていません」

「Web3がトークンを中心にした経済圏として成立する上で、既存の法定通貨ベースでの経済圏との橋渡しとしての新しい枠組みが必要になります。米国ワイオミング州では、DAOでも有限責任会社として登記できるという新しい試みを、2021年7月から実施しています。そういった新しい仕組みが出てこないと、なかなか従来型の取引形態からは抜け出せないと思います」

「トークンに投資するDAOのように、既存のベンチャーキャピタルや、金融機関の代わりになるようなファンドが増えてくることはあり得ます。今後、トークンに投資する別のDAOについてもDeFiにおける金融規制の議論と同じように、DAOの中心メンバーについてライセンスを取らなければいけないといったように金融規制の議論が展開してくる可能性はあると思います」

「ある程度分散化しているとはいえ、DAOを実質的に管理・運営している特定の誰かがいるはずとなったとき、当該特定の者についてライセンスを必要とする動きになり、また、ライセンスを取る前提として法人登記する方向に議論が進んでもおかしくないと思います」

「DAOを中心にした経済圏の拡大が早いか、規制当局による金融規制が早いか、その競争という面があります」

「日本でも米国でも、金融規制当局は、DAOやDeFiが提供している機能がそもそも既存の金融規制に抵触する機能を提供していれば、そのDAOの主体なりDeFiの主体を特定し、その人たちに金融のライセンスを要求するという考え方を取ります」

Web3推進企業やDAOでも、既存企業や金融機関との取引は生じ、契約や送金が課題になることは予想されます。また、既存金融規制に関わる機能を有していれば、Web3推進企業やDAOでも規制当局の規制対象になります。そのような規制強化の可能性を念頭に置く必要があります。

Maker DAOをモデルとした、考えられるDAOの方向性

既存の企業的機能を有するDAOや、既存企業から権限移譲や既存企業と役割分担を行うDAOがあります。法規制や企業のガバナンスの点から、こうしたDAOの現状や今後はどうあるべきで、また現実どうなっていくのでしょうか。

「IPや規制の視点から、本社機能をグローバルで最適な立地に置くことは考えられます。しかし現状でも、暗号資産の規模は金融規制から逃れられない規模になっています。そのような状況で、DAOで自律分散を指向するのであれば、いったんは中央集権的にトークンエコノミーを構築した上で、MakerDAOのように最終的に清算するといった方法しかないと思います」

「ビットコインは、今は完全なDAOという見方もできますが、もともとはサトシ・ナカモトという人物（匿名で人数も分かりませんが）が当時は中心にいたはずです。もし生まれた段階から金融規制当局の目に触れていたら、ライセンスを取れと言われてもおかしくなかったでしょう」

分散型自律組織といわれるDAOですが、実際の事例でもDAOの在り方は多様であり、本書においてもMakerDAOや他の事例のように、いろいろな方向で試行錯誤が見られます。今後さらに規制強化が高まる可能性は高いですが、新たな組織形態として、Web3的な事業を手掛けるプロジェクトや企業には、一つの重要な選択肢になっていきます。ただし、先進事例の在り方とともに、法規制の動向に留意していく必要があります。

Web3のコンセプトと、目指すべき方向性

Web3は定義自体が明確でない部分もありますが、NFTやメタバースは特に大きな注目を集めています。法規制のみでなく、長瀬氏がアドバイスを与える組織や個人の動向を含めて、見解を伺いました。

「Web3については、メタバース、NFT、ガバナンストークンなど、い

ろいろなキーワードが出てきますが、コロナ禍も影響していて、大きな流れとして、物理的なやりとりに縛られずに、ネット上での価値のやりとりを含めたコミュニケーションを自由にできるような世界の方向にシフトしています」

「Web3とかメタバースが目指しているのは、物理的なやりとりをインターネット上の仮想空間のやりとりに変えるだけではありません。自分の子供の世代を見ていても、ZoomやLINEを通じて子供同士で同じ時間・空間を共有する世界をつくっています。子供の様子を見ていると、それをごく自然にやっているのが分かります」

「メタバースやWeb3での価値のやりとりは、日本円や米ドルのような国ごとの法的通貨にこだわるのではなく、ユーティリティートークンやガバナンストークンが使われています。トークンによる支払いでは、これまで法定通貨によるクロスボーダーでの決済に際して障壁になっていた国境とか人の属性とか、そういったものが取り払われていきます」

「結局、価値のやりとりは情報のやりとりで、情報のやりとりはコミュニケーションに尽きると思いますが、それを一方的に押し付けられたり中央集権的に管理されたりするのではなく、ネットワークに参加するみんなが自発的にコミュニケーションを取っていく世界が、Web3のコンセプトだと思います」

「各事業者は自分たちの提供できる情報なり価値を、仮想空間上で実現していくことになります。例えばアパレルの会社では、仮想空間上で自社ブランドを付したアバター用の衣装を提供するとか、物理的な制約に服さないサービスを実現していく流れです。価値の移転についても、法定通貨による銀行送金に限らず、Web3においてはインターネット上で移転可能なトークンを通じて行われることになると思います」

「一方で、Web3といえばなんでも自由というわけではなく、あるWeb3における情報と価値のやりとりに対するコントロールのバランスを見つけていくのが、これからの数年間になると思います」

Web3が新しいコミュニケーションや価値の交換を可能にし、新たな事業につながることを示しています。Web3のメリットと課題に対してバランスを取る規制の必要はあり、これから数年間その動きがあると見ています。

メガバンクのNFTへの参入検討

暗号資産やNFTなどの事業は、DAOやスタートアップ企業だけが注目しているわけではありません。Web3市場の拡大による新事業の可能性、取引先の組織や富裕層の顧客との関係などにより、大手金融機関や企業も注目し、事業に参入したり、暗号資産の発行を検討したりする動きがあります。そのあたりの見解を伺いました。

「国内の大手銀行などの金融機関でも、NFTの発行支援や取引市場の運営、デジタル資産事業への参入を検討する動きがあります。規制の観点から、やりたいと言ってもいきなり自由にやれる業種ではありませんので、規制当局から承認を取りながら進める必要があると思います」

「これまでの金融機関は、先例にのっとって利益が出そうな分野を手掛けることが中心でしたが、NFTなど新しい領域についても手掛けようという動きは注目されます」

「2017年や2018年にも暗号資産ビジネスの領域に金融機関が参入する動きはありましたが、最近はNFTやメタバース、Web3は大きな流れとして避けられないので取り組むケースが増えている印象です」

「NFTについては、リアルな絵画などと同じように、高額なNFTを資産として保有しておきたいので、富裕層から『預かってくれないか』といった相談が増えていると伺ったことがあります。ただ、例えば、銀行がNFTのカストディを行う場合、銀行法の業務範囲規制を検討する必要があるなど、簡単ではありません」

「NFTは、実質的に資金調達に用いたりNFTを担保に暗号資産のレンディングサービスを行ったりするなど、NFTfiといわれる領域までいくと、かなり金融取引に近い性質のものがあり、その対応が必要になります。すぐに金融規制の対象になるわけではありませんが、富裕層の人から見て、単にアート性というよりも、資産として保有したいという気持ちになるのは、見ていて理解できます」

最近はメガバンクがWeb3的な事業に関心を持っていて、NFTへの注目による富裕層の顧客対応などから、検討する事業領域や方法が変化している状況がうかがえます。金融規制との関係もありますが、Web3的な事業や個人の意識が広がり普及しつつある動向とみられ、金融機関との関係性との視点でも注目できます。

起業家が海外に行かずに、日本で起業し成長できるような仕組み

日本には税率の問題があり、法律が厳し過ぎるので、Web3の領域では起業家がシンガポールやドバイに流出する動向が見られます。このままでは、日本に優秀なWeb3関連の起業家がいなくなってしまう懸念もあり、自民党や政府もWeb3に取り組まなければならないと言い出しています。この日本でWeb3が広がっていくには、どういった規制や制度が必要と考えるかを長瀬氏に伺いました。

「日本を離れる決意をした相談者は多くなった印象です。一つの問題は、日本のVCが暗号資産に投資しようとする場合、規制との関係で現実的に困難であることが挙げられます。そこを変えないと、日本発で大きな資金がトークンを発行するWeb3プロジェクトに行きわたらないという問題があります。もう一つは、富裕層や機関投資家が暗号資産を信託銀行など伝統的な金融機関に預けられるようにすることです。規制面では、この2つが急務だと思います」

「その他、税制も課題です。相談者から『税率負担が軽くなれば、あえて海外に出る理由はない』と聞いています。規制より税率の高さがネックなので、税が変われば日本でやってもいいという人が多い印象です」

「シンガポールの弁護士とビデオ会議で雑談をしていた際、日本の税制のおかげで、最近日本企業の顧客が非常に増えて大変感謝していると言われたことがありました。実際、シンガポールとドバイ両方に法人を設立する企業が増えています」

「暗号資産関係のプロジェクト運営については、そもそも英語圏の母数が大きいので、英語で発信し、最初から海外で展開した方が伸びしろが大きいということもあります。日本にいて、日本語だけの情報発信だと海外の関心はどうしても引きづらいので、海外に出て英語でプロジェクトを推進した方がチャンスは大きいと思います」

このコメントによれば、日本の一番の問題は税制になります。税率を下げれば投資家および起業家の双方にとってメリットが大きく、海外と比べて日本に大きな不利はないとの見方がされています。特に、法人のトークン含み益に対する課税問題は深刻で、日本に本社を置いたままトークンを発行するパブリック志向のプロジェクトは非常に困難な状況にあります。

ただし、市場面から見た場合、Web3事業はグローバル展開が有利という面があり、若くて優秀な人材は海外に出た方がよいとの示唆もあります。その場合、海外人材流出のみでなく、海外で成功した人材の引き戻しも必要と考えられます。

規制面では、VCによる投資、暗号資産を伝統的な信託銀行などに預けられるように解禁することが挙げられています。Web3の事業ではSAFTによる資金調達、DAOなどによる自律分散型での対応があるべき姿と見られる場合も多いです。しかし、Web3事業の市場拡大、そのための顧客の広がりを考えた場合、既存組織や中央集権的な組織も活用し、連携していく必要性の指摘と捉えられ、検討に値します。

Web3×メタバースで生じる法律的問題

Web3の中でも特に注目されるメタバースについて、今後生じ得る課題について伺いました。

「メタバース以前から、一般的なインターネットを通じたプラットフォームビジネスでは、どの国の法律が適用されるのかという問題があります。特にメタバースだと単なるショッピングで終わらず、およそメタバース上でありとあらゆる取引や権利関係の問題が生じ得ますので、どの国の法律が適用されるのかは、これまでの一般的なプラットフォームビジネス以上に問題になってきます」

「例えばこんな相談がありました。メタバース上の自分が買った土地に、お姫様のお城のようなポップなかわいらしい空間をつくろうと思いましたが、すぐ隣でホラーな雰囲気の空間が建てられてしまったら景観侵害じゃないかという話です。仮想空間の景観侵害は面白いなと思いつつ、そういうちょっと現実世界を超えた話があります。現実世界だとお城のすぐ横にホラー空間を作ることはまずないと思いますが、仮想空間だとやろうと思えばすぐにできるので、普通の世界よりもかなりラディカルな問題が発生すると思います。そういう場合、どこに訴えるかという問題もあります」

「メタバースの運営主体がいて、そこがTerms of Use（利用規約、利用条件）を作成していた場合、まずはそれが手掛かりになると思います。ただ、結局は権利を侵害されたと主張しているユーザーが自分の国の裁判所に訴えたら、その国の裁判所が利用規約などを見た上で、このケースだったら自国（または、指定されている国）だとか、自国で裁判を受けられるけど解釈に使う法律は利用規約に書いてある国の法律を適用する、というようにケースバイケースで判断していかざるを得なくなります。どのような事象にどの国の法律が適用されるかについては、予想が難しいです」

「メタバースで過ごす時間が現実世界よりも長くなった場合、果たして既存の司法の枠組みだけで解決してよいのかということもあります」

「Web3の時代だし、もっとスピーディーでフェアに見えるやり方での解決でいいんだというように、参加者全員がそれで合意するのであれば、DAOでの合意で解決するという方法もあり得るかもしれません。ただ、その場合、ガバナンストークンの保有割合に基づく投票などで解決するとしたら、根回しや買収で、ガバナンストークンを多く保有していた方が勝つということが考えられ、本当にそれで公平と言えるのかとも思います」

メタバースについては、仮想空間を活用した物品販売やアバターの利用も含むコミュニケーション、ゲーム的な利用など、現実的に考えやすい応用を想定して法規制が考えられることが多いです。しかし、メタバースはものづくりや医療など多様な産業への利用も含め、現在はまだ萌芽段階にある応用も多く、想定される法規制上の課題も限定されます。今後は思いもつかない問題が生じ、その対応が必要な場合も増加すると見られますが、基本的なルールは堅持しつつ、長瀬氏も指摘するように、ケースバイケースで判断せざるを得ない場合が多いと考えられます。

また、紛争が起きたときにどこに訴え、どのように解決するかは、Web2.0でも問題になりましたが、Web3ではより顕著に問題化すると考えられます。ただし、Web3では自律分散型の意思決定を望ましいとした場合、国という中央集権的な権力に頼るのではなく、基本的には当事者間で解決することが望ましいといえます。

DAOのガバナンス・意思決定は、ガバナンストークンの保有割合で決定されます。そこには、株式会社が株主の株保有比率で意思決定するのと類似した問題があります。この部分について現在は試行しているといえ、今後DAOの組織体制の在り方、意思決定の方法などについて、試行錯誤が繰り返されていくと考えられます。また、国境を超えた匿名の相手とのやりとりに具体的な執行性を持たせるために、契約時に一定額の暗号資産をスマートコントラクトにロックする方式も模索されています。EthSignなどのプロジェクトが先陣を切っています。

インタビュー結果と海外での動向から見た、求められる法規制の方向性

長瀬氏へのインタビュー結果のまとめを**図表10-1**（pp.233-234）に示します。Web3のガバナンス、法規制に関する項目は多いですが、既存の法規制での対応が難しかったり、既存の法規制ではWeb3に関する事業や組織の設立運営が難しかったりします。米国では州レベルで、Web3の先進的な動向に対応する動向があり、日本でも法規制などのルール、社会基盤の整備などが望まれます。

図表10-1　Web 3のガバナンス（法規制）に関するポイント

項目	具体的状況	生じ得る問題点	関連法規制など	対策、示唆、望まれる方向性
NFTなどデジタルの所有権	デジタルに対する所有権が定義されていない。日本では形のある物にしか所有権が存在しない	NFTなどがハッキングで盗まれてしまった場合でも、自分のものだから所有権に基づいて返せと言えない	民法	不法行為責任に基づく損害賠償請求
	NFTのハッカー自体が日本居住者でない場合の対応	ハッカーの居住国を特定するのが困難、特定しても法の執行が困難	日本かハッカー居住国の法律	Web3の取引は匿名性が高く、法執行が難しい
GameFiの賭博性、児童労働	ブロックチェーン、NFTゲームなどの賭博性	Play-to-Earnなどにおいて NFTの販売方法やトークンの獲得方法の仕組みによっては賭博罪に当たる可能性	刑法	指針やガイダンスが必要（自民党の部会での議論あり）
	未成年がPlay-to-Earnを行う場合	児童労働の懸念	労働法	グローバルで匿名で行われる可能性も含めた対応が必要
NFTアートなどの証券性	NFTアートなどを小口化	米国SECなどでは有価証券と見なされてもおかしくないとの見方	資金決済法、金融商品取引法	日本では有価証券の定義が狭く、米国で規制が先行する可能性。一方、日本では暗号資産に該当する可能性
暗号資産のトラベルルール	暗号資産交換業者に対する送付依頼人、受取人などの通知義務	2021年3月に金融庁は、一般社団法人日本暗号資産取引業協会に要請を実施	自主規制規則	将来的に犯罪収益移転防止法、外為法などの改正につながる可能性
紛争などに関わる規制	ロシアが経済制裁回避のために暗号資産を使うことなどへの対応（金融規制）	暗号資産の送り先が制裁対象者ではないことを確認するよう義務付ける。「本人確認手続き」を行う、KYC（Know Your Customer）済みのウォレットが必要になる可能性	外為法の改正	昨今の社会情勢に関する外為法関連法令の改正。中央集権的な法規制が進む可能性。KYC、暗号資産保有などに関する法規制動向チェックが必要（先進国全般）

項目	具体的状況	生じ得る問題点	関連法規制など	対策、示唆、望まれる方向性
既存金融機関、企業との取引（DAOなど）	契約当事者	DAOでの契約当事者を誰にするか（米国ワイオミング州では、DAOでもLLCとして登記可能）	–	DAOが関連子会社、財団などを設立することでの対応
	暗号資産での取引	既存の企業・金融機関との間で暗号資産での取引が困難。取引のたびに課税されるので税務計算が複雑になる	–	既存金融機関、企業が暗号資産での取引を許容するとともに、暗号資産の取引に係る税制を見直す必要
	DAOによるトークンへの投資	DAOの中心メンバーがライセンスなどを取らないといけない可能性など	–	DeFiと同様議論が進む可能性
メガバンクなどの参入	顧客富裕層のNFT資産保有、預入ニーズ対応	銀行法の業務範囲の規制があり、当局から承認を取る必要がある可能性	銀行法	銀行などへの預入に関する規制緩和が望まれる
VCの投資	VCの暗号資産への投資	暗号資産への投資は不可能ではないが困難	–	規制緩和が望まれる
税制	関連企業の税率	日本の税率が高く、税率の低いシンガポールやドバイに企業流出	–	保有暗号資産の期末課税などの見直し検討
メタバースでの取引	どの国の法律を適用するか	商取引のみでない広範囲な影響	–	Terms for Use（利用規約、利用条件）などでの対応
	仮想空間での権利侵害、景観侵害	仮想空間上の隣接地での望ましくない施設などの立地	–	当事者同士での解決もあり得る

日本でも、自民党NFT政策検討PTが2022年3月に「Web3.0時代を見据えたわが国のNFT戦略」を提言し、この中で、本章で指摘した項目や課題への対応策などが示されています（**図表10-2**）。

図表10-2　NFTなどの法規制に関わる項目に対する施策検討例

出所：自民党NFT政策検討PT、2022年3月、
「NFTホワイトペーパー（案）Web3.0時代を見据えたわが国のNFT戦略（概要版）」から抜粋

分類	項目	概要
NFTビジネスの発展に必要な施策	ランダム型販売と二次流通市場を組み合わせたNFTビジネスの賭博罪該当性が懸念されている	賭博罪の成否につき、関係省庁から事前に見解を求めることができる仕組みを整備すべき。少なくとも一定の事業形態が賭博に該当しないことを関係省庁から明確に示すべき
コンテンツホルダーの権利保護に必要な施策	特徴的な外観の量産品を模倣したデジタルデータがNFT化されても、著作権や意匠権によって十分に保護されない	著作権・不正競争防止法等による対策の限界を整理しつつ、将来的には意匠権改正による手当の可能性を検討すべき。また、この問題について国際的な議論をリードすべき
NFTビジネスを支えるBCエコシステムの健全な育成に必要な施策	自社発行の保有トークンに対する時価評価課税の負担が非常に重く、ビジネスの海外流出の要因に	発行した法人が自ら保有するトークンは、期末時価評価の対象から除外し、実際に収益が発生した時点で課税するよう税制改正や取り扱いの見直しを行うべき
	投資事業有限責任組合（LPS）の投資対象事業に、暗号資産やトークンの取得・保有が明示的に含まれない	LPS法の改正や解釈明確化により、LPSによる暗号資産やトークンを取得・保有する事業への投資を可能にすべき。また、GPIFなどによるブロックチェーン関連事業への投資の可能性について検討すべき
	国境をまたぐNFT取引について、所得税・法人税・消費税の課税関係が一部不明確	海外当局と協力して、課税関係の明確化と、課税の公平性を担保するために必要な体制整備を行うべき
	DAOに適用される法令、法律上の位置付け、構成員・参加者の法的な権利義務の内容、課税関係などが不明確	DAOは社会課題を解決するツールとなる可能性を秘めており、世界的な潮流を踏まえつつ、日本法における位置付けやDAOの法人化を認める制度（DAO特区、BC特区など）の創設について早急に検討すべき
社会的法益の保護に必要な施策	NFTはマネーロンダリングやテロ資金の供与に利用される恐れがあるが、本人確認義務など防止のための規制や仕組みがない	マネーロンダリングやテロ資金供与の状況、他国の規制等を把握しつつ、イノベーション推進とのバランスに配慮し、官民で対策を検討すべき
	NFT取引を通じ、経済制裁対象国・地域に暗号資産の移転がなされる恐れがある。他方、過度な規制は、暗号資産やNFTを通じた迅速な人道支援などの妨げとなる	NFT取引も外為法の許可の対象となる場合があることを、官民連携して周知すべき。また、この問題について諸外国と連携して対応を検討すべき

米国では、2022年3月9日にバイデン大統領が暗号資産を含むデジタル資産関連の大統領令に署名しました。この大統領令の内容は「FACT SHEET : President Biden to Sign Executive Order on Ensuring Responsible Development of Digital Assets」として公開され、以下の内容を含んでいます。

- 民主主義の価値と米国の国際競争力に見合った、デジタル資産の国際的関与とグローバル・ガバナンスにおいて、主導的な役割を果たす必要がある
- 暗号資産を含むデジタル資産は、2021年11月に時価総額3兆ドルを突破し、そのわずか5年前には140億ドルだったが、近年爆発的な成長を遂げている
- 成人米国人の約16%（約4000万人）が暗号資産に投資、取引、または使用
- 米国政府は同盟国やパートナー企業とは国家安全保障上のリスクに対応するために連携し、民間企業とはデジタル資産の技術的進歩を研究・支援するために連携

米国では法規制対応の側面のみでなく、経済成長、国民視点での内容となっており、日本でもこのような視点に立った政府や企業の対応が望まれます。

Web3の安全性やコンプライアンスに係る企業や市場の成長

長瀬氏からは、主に法規制の視点でWeb3に関わるガバナンスの話を伺いました。Web3の中で、特に暗号資産に関する規制強化の方向性は

明らかです。また、暗号資産の取引や保管におけるセキュリティー、安全性への対応は、関連するDAOや企業、個人において重要な課題です。そのため、Web3のコンプライアンスやセキュリティーに関わる対応や支援を実施する企業が増え、市場が拡大し、そのような企業に投資するVCの投資額も増加しています。

長瀬氏の話にもあったように、今後暗号資産関連企業への規制強化が進むため、そのような企業のコンプライアンス、ガバナンス支援のニーズは大きく、関連市場は拡大すると考えられます。

エピローグ

text by 藤本真衣

Web3は言葉だけが先行して盛り上がっている机上の空論ではなく、既に大きく成長している企業が実在します。私はこれまで、ブロックチェーンの世界をグローバルに見てきました。そうした中から英語圏を中心に、注目すべきWeb3の事例を日本の皆さまにシェアしたいという思いで、インタビューする方々を構成しました。

Web3に関してさまざまな意見があるのは事実です。私は、懐疑的な意見や批判的な意見が出るのは悪いことだと感じていません。なぜなら、社会が変化する際、そこには必ず摩擦が生じますし、何より、自分なりに調べて自分の意見を持ったからこそ、その人なりの“賛成”や“反対”の意見が生まれるのです。Web3に関してさまざまな意見が出てくるのは、それだけWeb3の文脈で社会が急速に変わり、価値観が変化しつつあることの証左だと思います。一番恐ろしいのは、無関心で自分の意見がなく、ただ流されるだけの存在になることです。

多くの人々の働き方や生き方を変えるWeb3

Web3による社会変化の中で、私は「本来個人に属するべき権利を取り戻す」という民主的な働きかけを推進すべきだと思っています。この意図を説明する前に、私のバックグラウンドを少しお話しします。

私は2011年に初めてビットコインに出合い、ビットコインが成し遂げるであろう、お金の民主化・金融包摂の文脈に魅了されてブロックチェーン業界に入りました。実際に手掛けたのは、ビットコイン寄付プラットフォーム「KIZUNA」の立ち上げです。それは現在、ブロックチェーンを活用した寄付全般に携わるプロジェクトをサポートする「KIZUNA Hub」となり、さまざまな社会貢献型プロジェクトのブロックチェーン活用を支援しています。その他、世界最大の取引所「Binance」が運営しており、これまで日本円にして17億円以上の暗号資産による寄付の実績を誇る「Binance Charity Foundation」のアンバサダーとして取り組んできました。また、クリプトアートのパイオニアとして知られる著名アーティストとコラボし、NFTチャリティーなども実施してきました。

暗号資産による寄付では、国際送金のスムーズさや透明性というメリットを生かし、一定の成果を挙げることができました。ただ、黎明期であったため、暗号資産取引所の口座開設のために銀行口座が必要という皮肉めいた矛盾がありました。Web3が浸透してきたことで、DAOやPlay-to-Earnによって、直接暗号資産を受け取れるようになったのです。

XX-to-earnやNFTの領域に関しては、今まで経済的インセンティブが足りず、規模が大きくならなかった多くの社会的意義のある活動に新しい可能性をもたらすと確信しています。例えば、あるNPOが実施し、私もお手伝いさせていただいている「D-SHiPS JOURNEY」というプロジェクトがあります。特別支援学校や入院中の子供たちと一緒に3DCGのアバターを使ったメタバース空間を企画・制作し、完成したメタバースの体験を全国の子供たちに届ける活動です。ポイントは、NFTの販売を通じて得た収益を用いていることです。メタバース空間を楽しむだけであれば、企業が運営する従来のWeb2.0の方式でもできますが、NFTを組み合わせることによって、NPO自体が資金を調達できるのです。その資金調達こそが、Web3の革新的なところです。

私はWeb3時代に希望を抱いています。その希望とは、働き方や生き方に関することです。これまで多くの人は、望まずとも「お金を稼ぐことが人生の中心」にならざるを得なかったと思います。他に選択肢がなかったからですが、Web3時代は、自分の属したいコミュニティーや、自分の関わりたいプロジェクトにコミットするだけで生きていける世界になるという希望があり、現にそうなり始めています。生まれ育った場所や住んでいる場所にさえ関係なく、好きなコミュニティーに加わって好きな人々と経済圏を作って生きていけるのです。そんな生き方ができるのは、素晴らしいことだと思います。

Web3社会は、お金ではなく、行動によって評価される

私は、2018年以降、特にNFTの普及活動に専念しました。わざわざ発表することではないと思いますが、普及活動のために持ち出しでやってきたことは多く、そのような活動をするたびに、一定の人々から「お金にならないことばっかりやらない方がいいよ」「自分を安売りしているよ」「社長失格だよ」と、散々言われてきました。

これまでの定義による「社長」という立場で判断すると、私は間違ったことをしてきたのかもしれません。しかしながらWeb3では、その一見意味がなさそうな献身が評価されます。なぜならWeb3の指標は、売り上げではなくコミュニティーの規模、アクティブ度だからです。

コミュニティーの例を挙げると、2018年から毎年開催している「Non Fungible Tokyo」というビジネスマッチングを主な目的にしたイベントがあります。初年度は開催日が赤字であったくらいの小規模なイベントでしたが、今では日本最大級に成長しています。こうしたイベントを支えるコミュニティーは、Web3ではとても大きな意味を持ちます。ブロックチェーンに関して重要なTier1プロジェクトに出資できるのは、実はコミュニティーの一員だからです。一昔前は、お金さえ持っていればいろいろなベンチャーに出資するのはそこまで難しくなかったと思いますが、Web3では、コミュニティーにコミットしない投資家は出資しづらくなっているという事実があります。

大小を問わず、自分が所属したいコミュニティーに所属し、そのコミュニティーが成長することで、結果として、今までよりもみんなに平等にチャンスが訪れます。このように、お金の多寡ではなく、自分の行動によって評価されるWeb3の文化・風潮に、私は希望を持っています。

「本来個人に属するべき権利を取り戻す」Web3

現在のインターネットは、多くの人々をネットワークでつないでいます。にもかかわらず、社会や仕事、人々の生き方には隔たりがあるように思います。Web3はネットワークでつながるだけでなく、プロジェクトのシステム同士がつながり、何らかの方法でお互いに協力することができます。その結果、Web3は人々の間にある隔たりをなくし、その先には、社会不安に圧迫されてきた多くの人々を自由な世界に解放してくれます。これがWeb3の世界です。そうした世界をつくる道具として、暗号資産やDeFi、NFT、DAOがあるのです。おそらく、まだ見ぬ新しい仕組みも生まれると思います。

例えばビットコインは、これまで、今の交換レートで換算すると1000兆円以上の取引を、安全に、国境関係なく実施してきました。私が訪れた中米のエルサルバドルでは、人口の70%が銀行口座を持っておらず*、多くの人は、ビットコインを使うことで初めて安心して貯金ができ、ビットコインによって初めて国内・国際送金が可能になりました。エルサルバドルでは、ビットコインは社会不安をなくすことに大きく貢献しています。

＊PwC,2021,” El Salvador’s law:a meaningful test for Bitcoin” https://www.pwc.com/gx/en/financial-services/pdf/el-salvadors-law-a-meaningful-test-for-bitcoin.pdf.（2022年5 月27 日閲覧）

同様に、DeFiによって、今まで金融サービスを受ける側でしかなかった人々が、初めてサービスを提供する側（Liquidity Providerと呼ぶ）に加わることができるようになりました。NFTによって、アーティストはブロックチェーン上のオークションに自由に出品できるようになりました。誰かの顔色をうかがったり、許可を得たりする必要はありません。世界中のアートファンやコレクターに向けて、自らの才能で挑戦できる世界が開かれているのです。そうした安心をブロックチェーン上のオークションがつくっているのです。

冒頭に書いた「本来個人に属するべき権利を取り戻す」という民主的な働きかけとは、これらのことを指しています。

これからWeb3で何が起こるのでしょうか。先に述べたように、プロジェクトのシステム同士がつながり、人々がお互いに協力するので、何が起こるのか予想するのは難しいのが実情です。でも、新しい時代の始まりはいつもそうです。Web1.0時代のエキスパートたちは、カメラや動画やGPSとつながっている今のWeb2.0の世界を予想できなかったと思います。同様にWeb2.0時代の初めのころ、今のような米国のテックジャイアント企業群を予想できた人はいなかったはずです。Web3がこれからどうなるのか、VRや宇宙技術、IoTやAIなどの第四次産業革命の技術と組み合わされることで何が起こるのか、現時点では誰も知らないと思います。

私は未来がとても楽しみです。

本書を最後までお読みいただき、ありがとうございました。読み終わって、Web3に対してどのような印象を持たれたでしょうか。否定であったとしても肯定だったとしても、Web3について自分なりの意見を持つことができたのなら、この本を書いてよかった、この本は成功したと言えるでしょう。もしかしたら、読者の中から世界を変えるプロジェクトを生み出す人が現れるかもしれません。なんてすてきなことなのでしょうか。本書に関わった一人として、それほど、うれしいことはありません。

監修・執筆者プロフィール

馬渕 邦美 氏

監修/執筆(プロローグ、第2章、第3章、第7章、第8章、第10章)

2020年よりPwCコンサルティング合同会社 マネージングディレクター、2022年よりパートナー / 執行役員。東京大学工学部産学連携協議会委員、一般社団法人Metaverse Japan代表理事。大学卒業後、米国のエージェンシー勤務を経て、デジタルエージェンシーのスタートアップを起業。事業を拡大しバイアウトした後、米国のメガ・エージェンシー・グループの日本代表に転身。4社のCEOを歴任し、デジタルマーケティング業界で20年に及ぶトップマネジメントを経験。その後、米国ソーシャルプラットフォーマーのシニアマネージメント職を経て現職。経営、マーケティング、エマージングテクノロジーを専門とする。以下の書籍を監修/執筆。『データ・サイエンティストに学ぶ「分析力」』(日経BP、監修)、『ブロックチェーンの衝撃』(日経BP、監修)、『東大生も学ぶ「AI経営」の教科書』(東洋経済新報社、執筆)。

絢斗 優 氏

執筆(第1章、第3章、第4章、第5章、第6章、第9章)

Vportal Founder。アーティストとしての経歴とブロックチェーン業界の知識を生かし、多業界の橋渡し役として活動。日本最古のNFTカンファレンスNonFungibleTokyo、チャリティープラットフォーム KIZUNA の事務局として活動。クリプトアーティスト VJyou名義で自身のオーディオビジュアルNFTを展開。メタバースギャラリーVportal Galleryを創設し、NFTアートやコレクタブル普及の活動を行う。一般社団法人MetaverseJapaneの理事を務め、Web3とメタバースをつなぐ橋渡しとしても活動中。

藤本 真衣 氏

インタビュイーアレンジ、執筆(エピローグ)

株式会社グラコネ 代表取締役。2011年にビットコインと出合って以来、国内外でビットコイン・ブロックチェーンの普及に邁進。海外の専門家と親交が深く「MissBitcoin」と呼ばれ親しまれている。自身は日本初の暗号通貨による寄付サイト「KIZUNA」やブロックチェーン領域に特化した就職・転職支援会社「withB」ブロックチェーン領域に特化したコンサルティング会社「グラコネ(Gracone)」などを立ち上げる。暗号通貨とブロックチェーンをSDGsに活用することに最も関心があり、ブロックチェーン技術を使い多様な家族形態を実現することを掲げたFamiee Projectや、日本円にして17億円以上の仮想通貨寄付の実績を誇るBinance Charity Foundationの大使としても活動している。NFT領域に関しては、2018年よりNFTに特化した大型イベントを毎年主催している他、Animoca Brands等の、国内外プロジェクトのアドバイザーも多数務める。2020年以降は、事業投資にも力を入れており、NFTを使った人気ゲーム、Axie Infinityを開発した Sky Mavis 、Yield Guild Games、Anique等に出資している。

インタビュイーのプロフィール

第2章 渡辺 創太 氏

Astar Network、Next Web Capital創業者。Astarは異なるブロックチェーンを接続するスマートコントラクトプラットフォーム。Binance、Coinbase、Polychain、Web3の提唱者ギャビン・ウッドをはじめ米中のトップ投資家からサポートを受けている。

第3章 Yat Siu 氏

Veteran technology entrepreneur/investor Yat Siu is the co-founder and executive chairman of Animoca Brands, a global leader in blockchain and gaming with the goal to provide property rights for virtual assets. Yat began his career at Atari Germany, then established Hong Kong Cybercity/Freenation, the first free web page and email provider in Asia. In 1998 he set up Outblaze, an award-winning pioneer of multilingual white label web services. After selling one of its business units to IBM, he pivoted Outblaze to incubate digital entertainment projects. One of those projects is Animoca Brands. Yat has numerous accolades, including Global Leader of Tomorrow at the World Economic Forum, Young Entrepreneur of the Year at the DHL/SCMP Awards, and recognition as one of Cointelegraph's top 100 notable people in blockchain. A classically trained musician, Yat is a member of the advisory board of BAFTA (British Academy of Film and Television Arts) and a director of the Asian Youth Orchestra.

第4章 Gabby Dizon 氏 / Twitter: @gabusch

co-founder, Yield Guild Games. Gabby Dizon is a gaming industry veteran with 19 years experience. He established his own gaming company, Altitude Games, in 2014. Before co-founding Yield Guild Games, Gabby was an avid Axie Infinity player and breeder in 2018. He is also a founding board member of the Blockchain Game Alliance. On a mission to onboard millions of players to the Metaverse, Gabby believes the future of work is in virtual worlds.

第5章 Kathleen Chu 氏

Kathleen joined Polygon in 2021 as Head of Communications after spending two years leading the Maker Foundation's activities in Japan. She co-founded Yasashi DeFi in 2019 and has been an active member of MakerDAO. Before joining Maker, Kathleen had been a journalist at Bloomberg in Tokyo for more than15 years, covering real estate and investing. During her tenure with the news agency, she took on additional roles, including deputy bureau chief.

第6章 Esteban Ordano 氏

Esteban Ordano is the Co-Founder of Decentraland, the first-ever virtual world owned and run by its users. Esteban is an Argentinian software engineer with nearly a decade of experience working in blockchain technology. His research and contributions have been crucial to the development of the ecosystem. Prior to Decentraland, he worked as a software engineer at Google and in BitPay, where he worked on open source infrastructure for Bitcoin. Esteban also served as an advisor for Polygon's Matic Network and The Graph Protocol. He holds a degree in Software Engineering and Information Technology from the Buenos Aires Institute of Technology.

第7章 井上 真 氏

Ethereum Name Service のコアデベロッパーの一員としてスマートコントラクトからフロントエンドコーディング、データ解析まで幅広く開発に携わる。イーサリアムベースのイベント管理システムであるKickbackの共同創業者であり、ロンドンイーサリアムコードアップというイーサリアム開発者向けのミートアップを不定期的に開催。

第8章 水野 和寛 氏

After working as a producer for Japan's number one emoji/deco-mail service (1 million paying members) and a smartphone game (10 million DL), he established Quan Inc. in 2011. He has partnered with chat apps all over the world to provide stickers. The total number of stickers downloaded is over 4.5 billion, including Usagyuuun, Betakkuma, and Business Fish, making it the world's largest. As for the NFT business, the Dapps "CryptoCrystal" (ore character mining app) was released in 2018 at the earliest time in Japan. (ore character mining app) in 2018. Since then, Quan has been working on the NFT of character usage rights and character art. In 2021, Quan has partnered up with The Sandbox to expand into the Metaverse, with the LAND sale sales exceeding 240 million yen in November. Quan is also in charge of producing major IPs that are popular globally. In January 2022, he became CEO of Minto Inc., founded when Quan merged with wwwap Inc.

第9章 野口 悠紀雄 氏

1963年、東京大学工学部卒業。1964年、大蔵省入省。1972年、エール大学Ph.D.(経済学博士号)を取得。一橋大学教授、東京大学教授(先端経済工学研究センター長)、スタンフォード大学客員教授、早稲田大学大学院ファイナンス研究科教授などを経て、一橋大学名誉教授。専門は日本経済論。著書に『情報の経済理論』(日経経済図書文化賞)、『1940年体制―さらば戦時経済』、『財政危機の構造』(サントリー学芸賞)(以上、東洋経済新報社)、『バブルの経済学』(日本経済新聞社、吉野作造賞)、『「超」整理法』(中公新書)、『仮想通貨革命』(ダイヤモンド社)、『ブロックチェーン革命』(日本経済新聞出版社:大川出版賞)など。

第10章 長瀬 威志 氏

アンダーソン・毛利・友常法律事務所のパートナー。2013年から2014年、金融庁総務企画局企業開示課に出向。2015年から2017年、国内大手証券会社の法務部に出向し、幅広い金融・企業取引を担当。これらの経験から、暗号資産交換業登録、イニシャル・コイン・オファリング、NFT関連ビジネスに適用される金融規制などを専門としている。

Web3新世紀

デジタル経済圏の新たなフロンティア

2022年7月25日　第1版第1刷発行

著　　者　馬渕 邦美、絢斗 優、藤本 真衣
発 行 者　戸川 尚樹
発　　行　株式会社日経BP
発　　売　株式会社日経BPマーケティング
〒105-8308
東京都港区虎ノ門4-3-12
装　　丁　bookwall
制　　作　マップス
編　　集　松山 貴之
編集協力　松尾 真由、高木 孝之
印刷・製本　大日本印刷

ISBN978-4-296-11224-1